JN256568

環境学習とものづくり

岳 野 公 人 著

風 間 書 房

目　次

第1章　ものづくりによる環境学習の位置づけ

1．研究の目的と意義

本研究の目的は，里山活動，森林保全活動やものづくりが，人間性の回復・人間形成を促す環境学習となりうることについて検討する。また，人間生活の基本である衣・食・住に関する現代的な活動によって，人間性の回復，森林を含む自然環境の保全へとつながる循環型モデルを提案することである。

本研究は，継続的な里山活動，木工，人間性の回復を有機的に関連づけて教育プログラムあるいは実践モデルを提案することにその特徴が認められる。ここでの学習者は，本プログラムや実践に依存することなく，自ら問題意識を持ち，たとえ与えられた仕事や課題であったとしても，自分の仕事や課題としてやり遂げることのできる生産的，自律的な人間性を獲得する。また，地域住民などの生涯学習場面においては，人間性に関わる自己肯定感や自信を持つことでより良い社会を形成するリーダーとなる。このように，本研究は，持続可能な社会の活動モデルを提案することで，人間個人，人間社会及び自然環境に対して具体的に活動・支援できるところに意義が認められる。

また，本研究のフィールドは，かつては里山として利用されていた中山間地である。ここで利用する課題や題材は，この地域に根ざしたものを想定している。グローバル化とは，対極に位置する地域性を考慮する必要があると考え，気候，気質，文化，伝統などその地域に特有の地域性を研究対象にすることに特色がある。

そこで，本研究は地域の生活に根ざした実践的なモデルを提案し，持続可能社会へ向けた活動モデルを構築することでその独創性を示すことになる。

2．今日的課題と問題意識

我々を取り巻く社会は，情報化，国際化，科学技術の発展，環境問題への関心の高まり，少子高齢化などますます複雑になっている。これらにともない我々の生活も複雑に変化している。一方では，格差社会の広まりから，国民の生活に対する閉塞感も大きくなっている。また，産業や社会的な必要性からも開発は継続され，様々な機関から警鐘を鳴らされながらも，自然環境破壊は日々進められている。自然環境破壊の大きな原因の一つは明確に人間の手によるものである。つまり，人間の抱える問題を解決することで，自然環境破壊の問題も大部分を解決することができると考えられる。

まず，上記に示した現代社会における問題の所在を参考文献からいくつか検討してみる。

2.1　産業社会を経た現在

我々の生活は，産業革命後，よりよい生活を獲得するために機械化・自動化が進められている。さらに，我が国は敗戦後の復興をめざし，高度に経済成長を遂げた。身のまわりは家電製品やコンクリートに囲まれ，自分の力で実際に作業することはほぼ皆無であろう。仮にあるとしても，余暇の楽しみであり，衣・食・住を自ら作り出す生産的な生活はなく，消費者としての生活である。

産業社会の機械化における人間性の搾取については，現代社会への問題事項としてシューマッハが取り上げた[1)]。彼は，技術，組織，政治のあり方が人間性に対し，堪えがたく，人の心を蝕むものだと強く主張している。現代社会の技術が人間性を搾取するとともに，それらの技術が自然環境の破壊につながることも示している。シューマッハの指摘から60年が過ぎようとしているが，彼の指摘した問題はますます大きくなるばかりである。

また，イリイチも産業社会の現代的問題として，産業生産による豊かさにあまりにも依存しすぎることによって，自力で行動し，創造的に生きる自由と力を奪うと指摘する[2)]。イリイチの指摘した現代的貧困は，経済的なもの以上に人間性に関わる貧困であり，ここでもまた産業社会からの搾取が認められる。

シューマッハ，イリイチの指摘するところは人間が技術やシステムに依存することで，人は人間性を奪われてしまうということであろう。我々の生活には知らないうちに，様々な技術やシステムが入り込んでくる。意識してそれらに対応しなければ，創造力を失い，無力感を抱くことになるだろう。

2.2　情報化社会がもたらす弊害

産業の時代を終え，情報の時代へと移行して数十年になる。情報化社会の影の部分は，ここで議論するまでもないが，特に人間性の搾取という問題に焦点をあてる。

現代的貧困を指摘したイリイチは問題の一つに，情報社会を挙げている。イリイチは，コンピュータが出現するまでの文字によって考える精神は，言葉の意味や感覚を必要としたが，コンピュータを媒体としたコミュニケーションは，主観的な意味や感覚をなるべく排除し，客観的な情報の単位を意味し，もし主観的な感情や意味を感じる場合には不安やおそれをもたらすことになるだろうと指摘している[3)]。このようなコンピュータを隠喩とした精神をサイバネティックス（人工頭脳）的精神と呼び，彼の大切にする文字によって考える精神を守ろうとする思想を展開している。

ここで指摘する問題の一つは，教育によって子どもたちは情報化社会へ導かれる以上に，社会の制度や風習，文化がすでに情報化社会をもたらしていることである。例えば，子どもたちは学校でコンピュータの授業を学ぶ前に，携帯電話や情報機器を利用する社会へ参画しなければならない。また，家にいれば家電製品のコンピュータ化，外にいても自動化された公共のシステムなど，子どものころから自分で考えることを必要としなくなる状況はますます進んでいる。

また，このような情報化社会がもたらすものは，関係性の代替化であるともいえる。イリイチは人と人との関係性を指摘しているが，さらに時代と時代とをつなぐもの，伝統や伝承も日々情報の単位に変換されている。例えば，大工の仕事でも，手工具，手動機械，自動機械と技術が進化するにつれて，彼らが築きあげた伝統や伝承はもう取り戻すことができないものになっている。今や，職人の技をコンピュータでシミュレーションして素人でも，職人の技を擬似再現できる時代である。この先，本物の職人がいなくなった場合には，我々の生活はシミュレートされたものばかりがあふれるだろう。

2.3　ものによる生活の制限

シューマッハの示した問題は大局であったのに対して，ノーマン[4)]は毎日の生活にともなう人間性の搾取に関する問題を提示している。彼は，デザイナーと使用者の距離が離れてしまい，ドアノブ一つでも引くのか押すのかさえもわからない状態のものもあると指摘する。また，そのものをどのように使うことができるかを決定する最も基礎的な意味で使われるアフォーダンスという用語を用い，このアフォーダンスをデザインにおいて検討することで，単純なものであれば説明書もいらないものになると考えている。さらに我々の毎日使う道具は約２万個と推測し，もしこれらの道具の新しい使い方をそのたびに学ぶ必要があれば，本当に必要な仕事はいつできるのだろうと指摘する。

我々の毎日はあまりにも忙しくなりすぎて，自分が日々使うボールペン，椅子，机なども自身で選択して準備することはほとんどない。まして，自分の手作りで揃えることなど不可能である。しかし，市場に出回るものは，ノーマンの指摘するようにどのように使うのかさえわからず，寿命が短いものも多い。

現代社会に生活する我々の重要な関心事はやはり情報であるが，ノーマンの指摘する問題は，コンピュータを媒体としたコミュニケーションにも影響を及ぼすと指摘している。例えば，著者の仕事の中に講義の成績をつけるというものがあるが，これがある時から Web 上のシステムで処理されることになった。まず，ログイン名を記憶し，パスワードも記憶しなければならない。そのシステムの内容や操作方法も理解しなければならない。もし，修正の必要な場合は，多大な労力を必要とする。このような仕事のシステム化は年々加速して増加している。ログイン名やパスワードもその度に増えていくことになる。また，そのシステムが改訂されれば，また新しい操作方法を学習しなければならない。

このように，ものやシステムによって，我々の生活は制限を加えられ，ますます自由や創造への活力をそがれることになる。

2.4　自然環境への無関心，人工的社会での閉じられた生活

これまで見てきた問題は，産業社会が発展する過程で及ぼした大量生産や大量消費，情報化社会の及ぼした人と人との関係性や無力感，自由・創造の剥奪をもたらしている。これらの問題はますます人と自然との関係も薄れさせ，意識しないと自然に触れる機会もない状態となる。例えば，金沢大学のある角間町は，現在でも自然豊かな森林に囲まれているが，何も意識しなければ，土を踏みしめることもなく，樹木に触れることもなく，コンクリートに囲まれて研究活動をすることになる。柳田國男も，衣食住の材料を自分の手で作らぬということ，即ち土の生産から離れたという心細さが，人をにわかに不安にもまた鋭敏にもしたのではないかと思うと言っている[5)]。柳田は，農民が都市へ移動することを述べているが，我々現代人もほぼ同様の境遇であると考えられる。

自然環境への無関心は安易な環境破壊へとつながり，我々の人工的な社会は自然を破壊し続ける。

2.5　学校というシステム

学校の良い面もたくさんあげられるが，ここでは学校教育システムのいくつかの弊害について検討する。

学校教育においては，その制度やカリキュラムに制限があるために，子どもが主役ではなく，どうしてもトップダウン式のシステムになってしまう。例えば，すべての教科は時間枠の制限が設けられており，子どもたちがどのようにその科目に興味をもとうが，時間で区切られてしまう。学校教育の環境教育においては，カリキュラムの制限，学力低下などの問題から，削減されることも予想できる。実際に中学校技術・家庭科の学習指導要領においても，環境教育の実施は記載されているが，技術分野の学習時間は82時間であり，環境教育に時間を割り当てたとしても，１時間あるかないかである。これまで，著者はものづくり学習における生徒の人間形成を中心に研究を続けてきた。しかし，カリキュラムの時間的制限から，生徒の学習が消費としての学習になっていることに問題を感じている。つまり学習者は，与えられる課題を時間内に消費するだけの活動しか体験することができず，学習者にとって問題意識，実際的な知識・技能の獲得はむずかしい。

以上のようなことを風刺した物語がある。高度に進化した宇宙人が進化の遅れた地球人を救うためにやってくるファンタジーであるが，その物語に以下のような文章がある。

「学校では，よりよい人間になるようにとは教えてくれない。ぼくたちの教育は“内側の部分”ではなくて，“外側のもの”ばかりに指導がむけられていて，そのためにすることといったら，ほとんど，資料（データ）を暗記することばかり。それも幸福になるためとか，人生の高い意義を理解するための資料（データ）というわけではない。そんな資料（データ）ばかりで頭をいっぱいにしたところで，深い意味のことはまったくわからないし，内側では，何も変わらない。ましてなんの進歩もない。

そして，ぼくたちを連帯感のあるひとになるようにうながすかわりに，すごく“競争心”のあるひとになるようにとかりたてる。それはつまり，すべてにおいて，ひとを踏みつけ，押しつぶしてでも，とにかく勝たなきゃいけないってことだし，のしあがっていかなきゃ意味がないってこと。ぼくたちは現在，こういう哲学，道徳，そして倫理でもって教育されている。

たしかに外見は以前よりもずっとよくなった。みんなきれいな服を着て，思い思いの髪形で，高価なブランド品を身につけて，携帯電話をもっておしゃべりに夢中になってあるいている……。でも，ぼくたちの内部は？？？……ほとんどなにも変わっていない！」[6)]

2.6　今日的課題と問題意識のまとめ

ここまで検討した我々の生活の問題点をまとめると，我々は，毎日の生活を自然に触れることもなく，人工的なものに囲まれ，無力感を抱きながら過ごしている。身近にある道具は使い方もわからないものも多く，何か新しい装置や機器を入れ換える場合には，多大な労力を使うことになる。搾取され続ける人間性を取り戻すためには，相当のエネルギーを必要とするが，通常多くの人は毎日の生活に無力感を抱き，自ら働きかける創造力は失いかけている。新しく情報化社会に参入する若い世代は，客観的に整理された情報により代替された文化の中で生きていくことになる。また，これらの状態を続けることは地球の自然環境を破壊し続けることにつながり，我々は地球そのものを失う可能性も大きくなっている。

3．人間性の回復と環境保全を関連づけたモデルに関するキーワード

これまでにまとめた今日的課題をこのまま放っておくわけにはいかない。本研究では，これらの課題に取り組むために，人間性の回復を大きなテーマとしている。本研究で言う，人間性の回復とは，シューマッハの指摘した産業時代，情報時代を経て，我々が失いかけている，心理的な側面である自律

した思考，感情や自信など，運動技能的側面，感覚や手足を動かす技能である。

また，人間性の回復とともに人と人との関係性，人と自然との関係性も取り戻したい。

具体的な研究の方向性は，人間性の回復と環境保全を関連づけたモデルを提案し，そのモデルを実践することで，本研究でまとめた今日的課題と問題意識に取り組むことになる。

ここからは，人間性の回復と環境保全を関連づけたモデルを構築するための資料を概観する。これらの資料は，本研究でまとめた今日的課題と問題意識の解決に向けていくつかのヒントを示している。キーワードは，人間性の回復，ものづくり，自然への接触，持続可能な社会である。これらのキーワードが有機的に結びつくことで本研究が提案する人間性の回復と環境保全を関連づけたモデルが構築される。

3.1　人間性の回復

3.1.1　自分で物事を考え行動すること

現代技術やシステムに依存するのではなく，自分自身で物事を考え行動することは重要である。どのような問題も必ず制約条件は存在するが，自分に与えられた条件から創造的に解決することは可能である。自分で物事を考えるためには，単なる知識や体験ではなく，全身全霊で取り組むことが必要である。しかし，それは努力や忍耐を必要とするものばかりではなく，自分の能力に応じた取り組みで十分である。そして，自分で物事を考え行動することを実感することができれば，自己肯定感をはぐくみ，実際の生活もより良いものに変容するだろう。また，自分のことを理解し，自分の置かれた立場を肯定することができれば，どのような技術やシステムに囲まれても自分の人生を楽しむことができるだろう。

シューマッハは，我々の将来を左右する人間性の回復について，経済的，技術的に成功した現在，我々は英知を獲得する必要があると言う。その英知とは人を自由にする知識であると定義し，人格の総体，身体と魂と霊を駆使して初めて得られると述べている[7)]。 辻は，遅さとしての文化を見直すことを提唱する[8)]。彼は，人の身の丈にふさわしいスピードやペースがあるように，文化にはそれにふさわしい遅さがある。人と自然との関わりや，人と人との関わりには，適正なリズムや緩急というものがあるだろう。人の身体的なありようとか，社会的なあり方にもそれに適した時間の流れというものがある，とシューマッハの考えた規模の大きさを補うように時間の早さを問題としている。

幸福度の指標として，心理学者チクセントミハイはフロー理論を提案し，目的的人格の確立やものごとに集中することで幸せを得られると提案している[9)]。人がフロー状態になるためには，明確な目標，没入感，時間の認識の変化などの８つの要素が重要であるとされている。チクセントミハイは，スポーツやゲームの中で，フロー体験が得られやすいことを示しているが，ものづくりにおいても，具体性があり，同様の活動が期待できるため，フロー状態を獲得しやすいことが推測できる。

中野孝次は，老子の思想を紹介しながら人の生き方を考察している。老子の考えた足るを知るとは内なる平安と充実のために生き，外物にとらわれ生きるのは人生とは言えぬということであると紹介している[10)]。また，加島祥造も老子の思想から，自足した柔らかな心でいるときこそ，潜在的能力がわいてくると指摘する[11)]。

3.1.2　ものづくりと人間性

本研究の特徴の一つは，ものづくりを通した人間形成や環境教育である。職人養成のものづくりではなく，普通の人が自分の生活様式を見つめ直すためにも，ものづくりを体験することは，有意義であると考えている。ものづくりの体験では，設計から製作，実際の使用のすべての工程を自らやり遂げることができれば，ものの成り立ちを理解することができ，自分の作ったものは大切にし，無駄な作業や材料をなるべく出さないように配慮した態度などを身につけることができる。例えば，ものづくり学習の意義の研究[12]では，限りある資源や材料への配慮とものづくりとを絡めることにより学習効果が高まることを実証している。また，学習内容として，製作品を練り上げる苦労の経験や知識理解を深めるような態度が形成されることが明らかとなっている。

ジョン・シーモアは，大量生産によって職人や庶民の失われていく手仕事を愁えて，天然素材から作られた製品を使用するならば，私たちが単に仕事をすることから得られる喜びを，はるかにうわまわる喜びをあじわうことになると指摘する[13]。

柳宗悦は，手仕事の国としての日本を誇るべく，日本各地の郷土品の紹介をしている[14]。柳はすべてを機械に任せてしまうと，特色がなくなり，出来る品物が粗末になり，働く人から喜びを奪ってしまうことを指摘している。

ジョン・デューイは教育において，手仕事の重要性を説いた人である。彼は，教育における手仕事の必要性は，子どもたちを目的と手段との関係に参加させ，やがて事物が相互作用によって，確定的な結果を産み出す方法を考察するように導く，子どもたちがそのような種類の活動の機会，あるいは子どもたちが機械的な熟練を習得する機会が提供される，と指摘している[15]。

ジョン・シーモアと柳宗悦の問題意識は近いところにある。大量生産は，人類が築きあげてきた職人の仕事を奪いつつあること。また，手仕事は人間性を培い，喜びをもたらすものと述べている。おそらくデューイも，手仕事の価値を認め学校の中にその活動を持ち込もうとした。デューイの思想は，現在の中学校技術科に影響を及ぼしている。

本研究では，中学校技術科における木材加工や栽培領域の教材やこれまでに得られた知見をもとに，ものづくりや環境保全の具体的な活動内容を提案する。

3.1.3　自然に触れることで自己を振り返る

自然の中に身を置くことで，自然の偉大さを感じ，自分の日常を振り返るなど，自然からもたらされる人への影響は無視することができない。

リンドバーグ夫人は，浜辺での出来事を回想して，寄せて来て砕ける波や，松林を吹き抜ける風などを聞きながら，都会や時間表や予定表の気違いじみたざわめきを消してしまうと述べている[16]。彼女にとっては，浜辺が自己を振り返る場所であった。レイチェル・カーソンは，世界中の子どもたちに，生涯消えることのない「センス・オブ・ワンダー＝神秘さや不思議さに目を見はる感性」をもってほしいと望み，その感性をもつ人は，たとえ生活の中で苦しみや心配ごとがあったとしても，かならずや，内面的な満足感と，生きていることへの新たな喜びへ通ずる小道を見つけだすことができると述べている[17]。カーソンは甥と自然の中を散歩しながら，自然と人の感性の大切さを捉えたようである。

彼女たちのほかにも多くの思想家や活動家たちは，自然環境に身を置くことで，自分の存在を再認識し，様々な問題を解決している。自然には，その存在自体が我々を癒す大きなものである。

また，多くの環境保全グループや組織が，我々の自然環境を守ろうとしていることは，誰もが知っている。しかしながら，多くの人は身の回りの技術やシステムに依存することになってしまい，創造力を失い，無力感を味わっているのではないか。本研究の対象者は，このような何か問題を感じているが，自分に何ができるのか迷っている人やものづくりや環境保全に関心のある人などである。

3.2　環境保全と環境教育の必要性

我々の生活によって引き起こされる自然環境破壊への警鐘は，人類の共通認識になりつつある。そして，自然環境に配慮した生活様式への転換や思想そのものの再構築が迫られている。環境教育は，そのような問題を教育の側面から解決しようとする試みである。

ものづくりによる環境教育的な学習は，公共団体や地域グループの企画などで多く存在するが，研究として位置づけ，その教育効果まで評価したものは少ないようである。学校教育では，間伐材を利用した実践が報告されている[18]。これらは，いずれもものづくり体験型の実践であり，環境教育の効果については検討されていない。また，生涯学習の一環として，地域住民に木材加工教育を継続的に指導した試みも認められる[19]。

本研究では，ものづくりを通した環境教育実践の場として「里山」に注目した。里山は，広義には二次林や草地，農地，集落という伝統的農村景観であるが，本研究では，狭義の里山である二次林，特にコナラやアベマキなどを主体とした落葉広葉樹林を研究の対象地とした。このような二次林は，かつては薪や炭などを生産するための薪炭林，あるいは落葉や低木・下草から堆肥を得るための農用林として利用されることで機能や景観を維持してきた[20]。しかし，1960年代以降のエネルギー革命によって，里山の利用価値が著しく低下した。これに伴って日本の多くの里山では植生遷移が進行し，潜在的な植生景観への移行や，ササの繁茂などが進みつつある。このように放置された里山では，主に林内照度の不足によって生物多様性の低下が懸念されている。環境省は，人間活動の減少による自然の荒廃が里山の生物多様性の危機をまねいているとして，里山の保全と持続可能な利用を重点施策の一つにあげた[21]。

このような背景から，里山の保全活動は近年注目されている。例えば，レクリエーションや環境教育を目的とした里山保全活動は様々な団体で実施されている。これらの活動形態には一般市民の参加による短期の体験型から，学校教育のカリキュラムなど長期の教育プログラムまで多岐にわたっている[22]。

多くの里山保全活動では，間伐や下草刈りが行われているが，それによって生じた間伐材などの処理や利用法が大きな課題となっている。里山の積極的な利用を進めるために，保全活動によって生じる自然木などをものづくりの素材に利用することからは環境教育の効果も期待できる。

本研究では，学校教育のカリキュラムにとらわれない，ものづくりを通した環境教育の重要性という観点から，人間生活域の自然環境である里山に着目し，ものづくりを通した環境教育の実践とその効果について明らかにすることを目的とした。特に，環境教育の学習者を児童・生徒に限定せずに，一般社会人を含め生涯学習の一環として本研究の実践を位置づけた。

3.3　持続可能な社会

持続可能な社会というキーワードは，近年特に注目を集めたものである。環境破壊やエネルギー問題，人口問題などすべての問題を網羅するキーワードとも言える。この持続可能な社会の構築を，ここで達成することは不可能であるが，先行研究や先行実践をいくつか検討する中で，本研究の位置づけを示す。

オーストラリアにおいて，モリソンは，農業を中心として継続可能な生活（パーマカルチャー）を提案している[23)]。地形を利用した建物の配置から，鶏ふんの利用まで具体的な方法を示している。日本においても彼の思想は広がり，各地でパーマカルチャーの活動が実施されている。北欧のスウェーデンでは，政府が持続可能な社会を形成するために法律を整備し，その担い手になる環境保全団体や学校法人に対して補助金の制度を整えている[24)]。また，スウェーデンのある職業専門学校では，木工，ガーデニング，陶芸，テキスタイルのコースを持ち，自分たちの製作したもので生活するような学習環境が整備されている[25)]。その生活には，環境保全を意識することなく進められ，日本における学習システムの一つとしてモデルにもなりうる。

一方日本では，団体や個人の活動に対して支援は受けられるが，その活動の内容は個々の団体や個人に任せられている。日本においても，持続可能な社会の形成に向けて，法的な整備も期待される。中野孝次は，日本の文学に残る清貧の思想を示しながら，日本には先祖から続く清貧の思想があり，現在のリサイクル運動，エコロジーや環境保護などをスローガンにする必要もないだろうと述べている[26)]。この指摘は戦後アメリカ型産業社会へ方向転換したことを指している。現代の日本では，環境先進国といえばドイツや北欧などを思い浮かべるが，戦前の日本では，環境や人の心に配慮した生活様式を多くもっていたのである。

持続可能な社会を目指すためには，環境先進国を参考にするとともに，我が国の伝統を継承することが重要であると考えられる。つまり，気候，気質，文化，伝統などその地域に特有の地域性を考慮した生活様式をたもつことが，持続可能な社会に結びつくのである。

そこで，本研究では，森林環境をフィールドとするために，その知恵や活動内容は，北陸の気候，気質，文化，伝統をできる限り取り入れた環境保全とものづくりに関する実践モデルを提案する。

3.4　持続可能な社会構築のための活動モデル

本研究では，環境教育を中心とした持続可能な社会の構築に着目して，具体的な実践モデルを提案する。図 1 に示すように里山活動・森林保全と木工・ものづくり及び人間性の回復・人間形成の側面から継続的な社会の概念モデルを提案する。

このモデルは里山活動・森林保全が，人間性の回復・人間形成を促し，環境と人間性の持続可能社会へとつながることを示し，また，人間の活動の根源であるものづくりによっても，人間性の回復，森林保全へとつながる循環型の活動モデルを提案している。

この概念モデルを基盤に市民活動を実践した 2 年間の結果をまとめ，具体化したものが環境保全とものづくりの活動モデルである（表 1）。このモデルが形成される過程や実践活動については，第 2 章において説明する。

ものづくりによる環境学習を基盤にした持続可能な活動モデル

・人間性の回復　・社会／文化の質的変化　・科学と伝統の融合
・生活の質向上　・伝統文化の継承　・自然環境の保全
・活動／組織の継続　・後継者／リーダーの育成

里山活動・森林保全

・調査／観察
・保全活動／下草刈り
・育苗／植樹
・伝統的知識／技能
・科学的知識／技能

木工・ものづくり

・森林バイオマスの活用
・道具の使い方
・作品の製造／販売
・生涯学習の場
・伝統的知識／技能
・科学的知識／技能

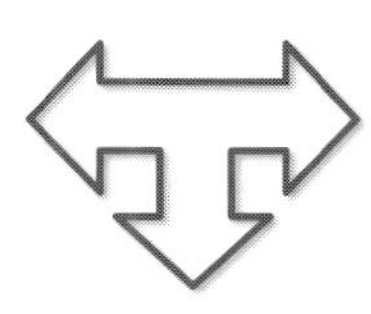

人間性の回復，人間形成

・問題意識
・自己効力感／自信
・感覚の精緻化
・運動技能の回復
・幸福感／満足感

図１　概念モデル

表１　環境保全とものづくりの活動モデル

循環の種類	循環の内容
自然界における循環	食物連鎖などの生態系 その他，自然現象
自然と人間の活動の循環 （本実践の結果から）	堆肥づくりと畑づくり 自然木からクラフトづくり 木の実の育成と緑化活動 里山整備と利用 ゴミ拾い・自然を利用した遊び その他
人間の活動における循環 （本実践の結果から）	環境学習・自己実現 リサイクル（木くずの再利用）など 組織づくりと活動 活動拠点づくりと利用 その他

4．本研究の構成

本研究は，10章から構成される。第1章では，環境保全とものづくりを通した人間形成に関わる本研究の目的と，その目的を達成するための概念モデルを提案し研究の方向性を示した。第2章では，ものづくりを主体とした環境保全活動を担う市民活動についてまとめた。第3章では，里山から得られる木質バイオマス資源を利用したものづくりと，生涯学習を目指した週末のものづくり教室についてまとめた。第4章では，第3章を受け，より本格的なものづくりを検討するために，原木から製作する椅子の教材を開発した。第5章では，里山から得られる木質バイオマス資源の一つである落葉を利用した堆肥づくりについて検討した。第6，7章では，ものづくり学習の意義や集中状態の形成について検討した。第8章では，学校教育における環境教育について実践授業を試みた。第9章は，海外の木材加工教育について紹介している。最後に結論を最終章にまとめた。

参考文献

1）E.F. シューマッハ，小島慶三・酒井懋訳：スモール　イズ　ビューティフル，講談社，（1999）
2）I. イリイチ，桜井直文訳：生きる思想，藤原書店，p.55，（2003）
3）I. イリイチ，桜井直文訳：生きる思想，藤原書店，pp.146-172，（2003）
4）D.A. ノーマン，野島久雄訳：誰のためのデザイン，新曜社，pp.14-16，（2006）
5）柳田國男：都市と農村，柳田國男全集4，筑摩書房，p.191，（1998）
6）E. バリオス，石原彰二訳：アミ　3度目の約束：愛はすべてをこえて，徳間書店，pp.22-23，（2000）
7）E.F. シューマッハ，酒井懋訳：スモール　イズ　ビューティフル再論，講談社，p.278，（2000）
8）辻信一：スロー・イズ・ビューティフル：遅さとしての文化，平凡社，pp.233-234，（2001）
9）M. チクセントミハイ，今村浩明訳：フロー体験　喜びの現象学，世界思想社，（2006）

10）中野孝次：足るを知る，朝日新聞社，p.16，（2004）
11）加島祥造：伊那谷の老子，朝日新聞社，p.200，（2004）
12）岳野公人，鬼藤明仁：中学校におけるものづくり学習の意義に関する一考察，日本産業技術教育学会，Vol.50，No.3，pp.1-10，（2008）
13）J. シーモア，川島昭夫訳：手仕事：イギリス流クラフト全科，pp.6-15，（1998）
14）柳宗悦：手仕事の日本，岩波書店，pp.1-2，（1998）
15）J. デューイ，市村尚久訳：経験と教育，講談社，p.138，（2004）
16）A.M. リンドバーグ，吉田健一訳：海からの贈物，新潮社，pp.13-14，（2003）
17）R. カーソン，上遠恵子訳：センス・オブ・ワンダー，新潮社，p.50，（2004）
18）福中慎司，垣見弘明：風倒木・小径木を用いた製作とその実習に関する研究，［技術とものづくり］におけるグループ活動と地域参加への発展，日本産業技術教育学会誌，Vol.44，No.3，pp.45-48，（2002）
19）山本和史：大学における社会人教育について：木工セミナーの実践を通して，岡山大学教育実践総合センター紀要，第一号，p.21，（2001）
20）竹内和彦，鷲谷いずみ，恒川篤史編：里山の環境学，東京大学出版会，p.257，（2001）
21）環境省：「新生物多様性国家戦略」，ぎょうせい，p.315，（2002）
22）林田光祐，志賀三奈子，丸山三恵子：環境教育の場としての学校林の生態管理，東北森林科学会誌，Vol.9，No.1，pp.21-29，（2004）
23）B. モリソン，R. ミア・スレイ，田口恒夫・小祝慶子訳：パーマカルチャー，農山漁村文化協会，（1993）
24）小澤徳太郎：スウェーデンに学ぶ「持続可能な社会」，朝日新聞社，（2006）
25）カペラゴーデン：http://www.capellagarden.se/english.asp，2010/11/17閲覧
26）中野孝次：清貧の思想，文藝春秋，p.230，（2002）

第２章　ものづくりを通して環境保全を図る市民活動の実践と評価

１．はじめに

環境学習は，環境問題について教育の側面から解決しようとする試みである。この環境学習の一分野に，ものづくりによる環境学習が位置づけられている[1)]。本章は，中学校の技術教育のものづくり学習を利用して，環境保全に関する市民活動の実践について検討したものである。技術教育では，技術と環境問題の関わりや，森林資源の育成と利用に関する内容が含まれている[2)]。特に，ものづくりに関する分野では，技術教育の環境保全に果たす役割は重要であると考えている。また，本章におけるものづくりという用語は，技術教育において規定されている材料と加工技術，生物育成技術に該当するものである[3)]。具体的には，木材加工や栽培に関する内容を指すものである。

環境保全のために市民が自主的に組織を運営し，活動を継続することは，現代社会においてきわめて重要だと考えられる。我が国では，環境基本計画をもとに市民の自主的な環境保全活動を推進している[4)]。このような市民活動を支援し，あるいはその指導者を育成することは，これからの教育機関に求められることでもあろう。例えば，金沢大学では2008年度から新規に環境共生コースを立ち上げ，環境に関わる地域の課題を創造的に調査・分析・解決し，地域資源の保全・適正な活用と持続可能で安全・公正な地域社会形成に貢献する人を育てることを目指している[5)]。

また，本章のものづくりを通した環境保全は，一つの体験学習と捉えることができる。体験学習では，知識を一方的に提供するだけ，あるいは単に体験するだけでは，学習は成立せず，学習者自身が学習目標を設定し，その援助をする教育者，すなわちファシリテーターが必要となる[6]。その仕事は，気づき，分かち合い，解釈，一般化することの促進，応用することの促進，実行することの促進の６つの活動を適切に取り入れること，また学習者自身が，この６つの活動を意識することが重要であるとされている。本活動では，参加者へ関わる方法として，このファシリテーションの機能を採用した。

先行研究と比較すると，本活動の位置づけは，組織の規模と活動の内容について，その特徴があるといえる。大学のキャンパスを利用した市民活動の推進事例は，龍谷大学，九州大学，金沢大学などが挙げられる。その中でも，市民活動の拠点をもつ金沢大学の事例は，先進的であると指摘されている[7]。これらの先行事例の特徴は，地域の市民団体，行政団体などと連携し，構成する組織や助成金の規模の大きさを指摘できる。例えば，龍谷大学では，研究者50名からなる里山研究チームを構成している[8]。これに対し本活動は，少人数の有志で試みた実践活動である。これは，技術教育の教員が教科の内容を応用して零細的に市民活動を推進する可能性を提示するものであり，本活動の特徴であるといえる。

また，活動の内容については，技術教育のものづくり学習を市民活動へ応用することを試みた。本活動では，市民活動のフィールドがいわゆる里山を利用したため，そこから得られるバイオマス資源である，間伐材や落葉，腐葉土などを材料としたものづくりであった。先行研究では，市民が参加する場合は，樹木の生育調査，間伐体験，農業体験など多岐にわたる内容で活動されている[9]。しかしながら，それらの活動は，単発的であり，系統だった活動として整理されていないのではないかと考えた。つまり，本活動では，個々の活動を系統的にまとめ，市民あるいは技術教育の教員が，環境保全に関する活動を実践する場合のモデルを提案することも意図した。

そこで，本章は，ものづくりを通した環境保全を図る市民活動を実践し，活動の結果について評価し考察することを目的とした。また，市民活動の参加者がどのように自然環境や自己に対する意識を変容させるかについて，ファシリテーションの要素を検討し，自由記述票及び意識調査票を用いて明らかにすることを試みた。

2．実践方法

2.1　活動メンバー

本実践の活動メンバーは，一般市民，大学生及び専門的技能をもった専門家で構成されている（表1）。また，このメンバーは3つのグループに分かれ，主に屋外での環境保全活動を行うグループ（屋外），主に室内でのものづくり活動を行うグループ（屋内），主に補助的活動・研究活動を行うグループ（相談）で構成されている。

このメンバーの特徴は教職を希望する学生や中学校技術・家庭科（技術分野）に関わる教員が含まれることである。技術分野では，環境保全やものづくりを教科内容として定めており，学生や教員はこの活動を通して自らの技能・知識を向上させることもできる。これは，彼らが本実践を通して身につけた技能や知識を自分が指導する生徒たちに学習指導することにつながる。また，活動メンバーは指導者になり，時には学習者になることを想定している。ある時の参加者が，運営側になることもありうる。市民活動がこのような教育機関の役割を意図的に果たすことは有益と考えられる。

表1　活動メンバーの構成

no.	名前	所属	役割	no.	名前	所属	役割
1	a	大学教員	全体のまとめ	9	i	大学生	屋内
2	b	県教員	屋内	10	j	大学職員	屋外
3	c	大学職員	屋内	11	k	教材業者	相談
4	d	県教員	屋外	12	l	教材業者	屋外
5	e	県教員	屋内	13	m	建築士	相談
6	f	大学教員	屋内	14	n	建築士	相談
7	g	大学院生	屋外	15	o	大学教員	相談
8	h	大学院生	屋外	16	p	大学教員	相談

2006年5月現在10名，2007/08年5月現在16名

2.2　活動環境と活動内容

活動場所は大学の敷地内の木工室（写真１），温室，畑，ミニログハウス（写真２），及び里山（写真３）がある。発足当初，活動の拠点は大学の木工室及び温室を利用した。畑は温室横の空き地を利用し，里山より腐葉土や落葉を集め，土壌を整えた。ミニログハウスは活動メンバーで３ヵ月をかけて製作した。里山は，コナラやアベマキなどを主体とした落葉広葉樹林の里山二次林である。

この実践を継続する間も，木工室，温室は大学の講義に使用するため，新たな拠点となる工房を木工室横敷地に製作した（写真４）。工房製作は活動メンバーの知識や技能を向上させるため１年をかけて自らで製作した。活動は

写真１　ものづくり教室の様子

写真２　温室，畑，ミニログハウス

写真３　学内の里山

写真４　製作した工房

毎週土曜日の午前中を定期活動の時間とした。特に希望のある場合や必要に応じて，日曜日や祝日にも実施した。屋外での活動内容は里山整備，活動拠点の整備（ミニログハウス製作，工房製作），堆肥づくり，畑づくりなどであった。屋内での活動内容は，教材開発，ものづくり教室の開催などであった（表２）。また，定期的にミーティングを行い，それぞれの活動の報告や今後の取り組みについて確認した。連絡や活動の記録はメーリングリストやwebページを利用した。これらの活動は，ファシリテーションの分かち合いの機能を果たしたと推測できる。

表２　活動記録の抜粋

回数	活動日 06年度	時間（h）	人数（名）	一般（名）	おもな活動内容
1	5月13日	3	9		発足会
2	5月26日	2	4		腐葉土採集
3	6月9日	3	7		ミーティング，役割分担
4	6月24日	3	5		教材開発（スツール）
5	7月8日	3	4		教材開発（スツール）
6	7月22日	5	4	9	ものづくり教室（バターナイフ）
7	8月13日	3	3	2	薫製，育苗
		～　～　～　中略　～　～　～			
33	3月17日	3	2		畑の腐葉土と落葉の採集
34	3月20日	4.5	3		畑と教材開発
35	3月24日	3.5	2		椎茸の「ほだ木」づくり
36	3月31日	3	3		腐葉土採集と教材開発

３．実践結果と評価

3.1　実践結果のまとめ

本実践では，環境保全に関する市民活動について組織の運営，活動環境づくりなどを2006年より２年間継続することができた。この２年間の総活動日数は86日，総活動時間は340.5時間，のべ参加者数は340名であった。

実践の結果，里山はササの下草刈りや雑木の間伐などを行い，人が出入りできるように整備された。堆肥づくりや畑づくりは，里山から腐葉土や落葉を採集して堆肥をつくり，野菜や草木の栽培に利用することができた。ものづくり教室は11回を開催し，参加者は，のべ62名であった。この他，活動メンバー（教員）が自らの学校で実践した環境学習の学習者は，200名ほど（この人数は本実践ののべ参加者数には含まれない）であった。このために他の活動メンバーが学校現場に訪れ，補助的に学習指導をする機会もあった。これらのものづくり教室では，丸太から切り出した樹皮の残る自然木を利用したバターナイフづくりを実施した[10)]。活動拠点の整備は，2006年10月から３ヵ月間でミニログハウスを製作，拠点となる工房を2007年４月から製作し2008年４月に完成した。以上の活動を，本実践の結果としてその内容をまとめた（表３）。

先行事例においても，市民活動の実践に関して様々な取り組みがある。例えば，金沢大学の角間の里山自然学校は，地域住民をはじめ多くの市民が参加する大規模な事業である[11)]。そこでは，自然観察会やタケノコ掘りなど多種多様に実践されている。しかし，大規模がゆえに，活動内容はイベント的となり，それぞれの活動は，関連性が薄く，一つの活動が継続されることはむずかしいことも指摘できる。また，この事業に対する外部評価は，「イベントの集積ではなく，学問として体系化されているか示す必要がある」との指摘もある。そこで，本章では，技術科教員や一般市民が環境保全を推進したいと考えたときにすぐにとりかかることのできる内容とすること，参加者が自らの活動目標を考えることができること，単発的なイベントにならず継続的な活動となること，身近な自然をフィールドとすること，一定の経験則，理論及び実践に裏付けされた内容となることを考慮し，本実践活動について検討した。

「里山整備と利用」では，単に下草刈りなどの単純な作業では，継続する

表3　本実践から抽出した活動内容

里山整備と利用	堆肥づくりと畑づくり	環境学習と自己実現
里山整備：近年荒れ果てた里山を整備することで人が入りやすい自然環境をつくりだす 里山の利用1：里山整備の際に排出される木の枝を集めてクラフトに利用する，間伐材を利用して椎茸栽培 里山の利用2：里山を散策できるように歩道を整備する	落葉収集：里山に入り，落葉や腐葉土を拾い集める，里山整備をする 堆肥づくり：拾い集めた落葉は，畑の肥料となるように堆肥づくりをする 堆肥・腐葉土の利用：堆肥を利用した食物栽培により，野菜を収穫，腐葉土は畑や花壇の土壌改良に利用	直接的環境学習：活動メンバーは環境保全やものづくりを通して技能や知識を身につける 指導者育成（ものづくり教室）：活動メンバーは身につけた知識を自分の子どもや地域の人たちに還元する 自己実現：本実践から学んだメンバーは自然環境保全に配慮し，ものづくりによって自らの生活を豊かにする
木の実の育成と緑化活動	自然木からのクラフトづくり	組織づくりと活動の継続
木の実ひろい：公園や里山で木の実をひろう 発芽・育苗：発芽を促すように水分を十分に与える，苗がうまく育つように水やりや植替えをする 緑化活動：十分に大きくなったら，里山や必要な場所へ植える	倒木整備：風雪などによる倒木を里山から運び出す 材料化：クラフトの材料になるように準備する 加工：スプーンやバターナイフなど，生活に必要なものに加工する	組織づくり：役割分担や活動記録の共有 人の循環：ものづくり教室開催時には，学習者に対して新規の活動メンバーとして市民活動への参加を促す 日常への応用：学んだことを日常生活にも応用する，各自の活動をホームページなどでも紹介
ゴミ拾いと自然を利用した遊び	リサイクル	活動拠点づくりと利用
自然環境保全への意識化：里山整備中や普段の生活においてもゴミ拾いを意識する 自然環境への関心：余暇においては，むやみにお金を使わず自然散策や山登りを楽しむ 季節の遊びを楽しむ：雪遊び，木の実ひろい	木くずを収集：ものづくり教室などで排出される木くずを集めておく 薫製の木チップとして利用：チーズなどの薫製のために木くずを利用する 炭の利用：薫製後の灰は畑の土に養分として利用	工房づくり：自分たちで活動するための拠点を自らの手で製作 工具の整備：使い捨てにならない工具の使い方を身につける ものづくり教室：工房でのものづくり教室の開催

ことがむずかしいと考え，腐葉土の採集と歩道整備，間伐とものづくりの材料採取や椎茸栽培のように，一つの作業で複数の活動につながるようにした。

「木の実の育成と緑化活動」では，里山周辺でコナラやクリなどの木の実を採集することから始め，発芽をさせてプランターで育苗した。一定の大きさになったころ，緑化活動の一環として，活動メンバーの自宅周辺や大学敷地内に植え替えた。さらに，これらの樹木から木の実の採集まで体験することができた。この活動からは，循環の可能性について学ぶこともできた。

「ゴミ拾いと自然を利用した遊び」では，本実践で活用した里山は，大学の駐車場裏でもあることからゴミが散乱していたため，これらの清掃から始めた。ビニールや空き缶は，数十年前のものまで発見され，樹木などが腐ることと比較することで，微生物にも分解できないものがあることを目で見て確かめることができた。また，本地域の特性から，冬は雪が積もり，かんじきを履いた散策なども楽しむことができた。

「堆肥づくりと畑づくり」では，里山に入り落葉や腐葉土を採集し，その一方で歩道の整備などを進めた。落葉は堆肥化させ，畑の作物栽培に利用した。この活動からは，腐葉土や落葉の採集が，自分たちの食べ物へ循環することを体験した。

「自然木からのクラフトづくり」では，風雪による倒木を里山から切り出し，樹皮の残る丸太に製材し，生活に利用できるバターナイフ，スプーンや小型の椅子などを製作した。

「リサイクル」では，ものづくりにおいて排出される木材のチップを利用した薫製をつくり，そこから排出される灰を利用した畑の土壌づくりなどを実践した。

「環境学習と自己実現」では，ものづくり教室の開催や，教育現場への積極的な参加によって，学生や一般市民が教育活動の指導者側に立つ機会づくりを行った。また，本実践の経験を自らの生活に還元することで，自己実現を見いだす活動メンバーも認められた。

「組織づくりと活動」では，組織を継続させるためミーティングの開催方法や連絡方法の改善を実施した。また，ものづくり教室開催時には，学習者に対して新規の活動メンバーとして市民活動への参加を促した。

「活動の拠点づくりと利用」では，与えられたものから始めるのではなく，里山は荒廃した山を切り開くところから，畑は土壌をつくるところから，ものづくり教室の開催場所は自分たちで工房をつくることから始めた。その過程で，得られた知識や技能は多く，実践の中から学ぶという本組織の体制が形作られた。

以上の活動内容について，より一般化するための実践モデルについて検討を試みた。先行研究においても，いくつか循環のモデルが示されている。例えば，東京大学の農場を利用した市民活動の例では，菜の花，ひまわりの栽培から始まる資源循環のコンセプトを示している[12)]。また，岩手県の葛巻町では，バイオマスタウン構想を策定し，森林，牧場，及び一般家庭のエネルギーやゴミなどについて資源のフロー図を示している[13)]。しかし，どちらの例も，大規模な工場施設や特殊な設備を必要とするモデルであり，技術科の教員，あるいは一般市民が自ら保全活動を開始するためには，資金面や規模において高度なモデルである。本章で示す実践モデルは，技術科の教員や一般市民が，環境保全を始めたいと考えてから，すぐにでも取り組める内容となることを意図した。

そこで，実践したいときにすぐに始められる，単純で，日常生活に近い環境で始められる，または，技術科の教員が現状の知識と技能で始められる環境保全のモデルをまとめた。自然と人間の生活が適切に循環することを目指して，本実践活動の内容を“自然と人間の活動の循環”及び“人間の活動における循環”の項目にまとめた（表４）。まず，“自然と人間の活動の循環”は，自然からの恩恵を人間が活用していく活動であり，“人間の活動における循環”は，人間の活動より自然や人に還元する活動であると定義した。これらの枠に対して本実践の具体的な活動を組みこんだ。市民活動において環境保全を考える場合，イベント的な活動に終わることなく，持続可能な活動や還元できる成果を残すためには，これらの循環を意識することは非常に重要である。

また，ここで示した循環のまとめは，ファシリテーションの一つの要素で

表４　循環のまとめ

循環の種類	循環の内容
自然界における循環	食物連鎖などの生態系 その他，自然現象
自然と人間の活動の循環 （本実践の結果から）	堆肥づくりと畑づくり 自然木からクラフトづくり 木の実の育成と緑化活動 里山整備と利用 ゴミ拾い・自然を利用した遊び その他
人間の活動における循環 （本実践の結果から）	環境学習・自己実現 リサイクル（木くずの再利用）など 組織づくりと活動 活動拠点づくりと利用 その他

ある一般化と位置付けることができる。活動メンバーにも，打ち合わせを通じて報告することもでき，分かち合うこともできた。

産業技術が発展するまで，自然界との共生は，当然のこととして営まれていた。市民生活レベルでは，産業化後の消費生活は，自然環境との共生や関わりを止めてしまったと考えることもできる。1960年代にシューマッハはすでに，現代技術が及ぼした三つの危機を指摘した[14)]。第一の危機は，技術，組織，政治のあり方が人間性に影響を及ぼし，堪えがたく，人の心を蝕むものだということ。第二の危機は，人間の生命を支える自然環境が破壊されていること。第三の危機は，資源問題である。本章でまとめた実践モデルは，参加者も少なく，実践期間もわずかであるが，実践を伴うことからシューマッハの問題意識に応えるものと考えることができる。特に，森林のバイオマス資源を利用し，木材加工によるものづくりや栽培活動を通して，環境学習や自己実現につながる実践結果を得られたことは，技術教育において重要であるといえる。

3.2　意識調査による本実践の評価

3.2.1　調査目的

本章の実践活動が，活動メンバーに対してどのような教育効果あるいは心理的変化をもたらしたかについて明らかにすることを目的とした。

3.2.2　調査期間と調査内容

本実践が，参加者にどのような効果があるのか検討するために意識調査を実施した。これまでの研究により，ものづくり活動が環境保全に関する意識に対して影響を及ぼすことが示されている[10]。また，ものづくり学習の教育的な意義の一つとして，自己教育に関わる質問項目や環境保全の意識が構成概念の一つとして明らかにされている[15]。例えば，それらの質問項目は「ものづくり学習により，集中して作業ができるようになる。」「ものづくり学習により，環境問題を改善するための方法を考えることができる。」である。

以上の先行研究を参考にし，本実践の活動メンバーやものづくり教室の参加者を対象とした予備調査の結果を総合的に検討して，本章の調査票を作成した。予備調査は実践を開始した１年目に，３ヵ月ごとの自由記述調査を実施した。内容的な妥当性を検討するために教育心理学者とともに，のべ66名の自由記述調査を分析し，22項目の質問項目を作成した（表５）。この作成した質問項目による意識調査は，2007年５月，2008年４月の２回実施した。意識調査には７件法により回答させ，分析のための得点化には得点の高い方から７点，６点，５点……とした。各質問項目には自由記述の欄も設けた。意識調査２回の有効回答数は，８名であった（大学生２名，一般市民６名）。

また，調査を実施することで，参加者の活動に対する振り返りの機会とした。これもファシリテーションの一つの要素として挙げられている[6]。この振り返りは学習者自身が，自ら診断し，成長を目指し変革を試みるための課題を探し，実践へと結びつけるとされている。これは，予備調査の段階で，参加者が回答した項目で，ストレスや自己肯定感，達成感などの自らの成長

表５　意識調査票の項目群と質問項目

項目群	質問項目
集中	活動中は，それだけに夢中になれることができた。 活動中は，活動に集中することができた。
達成感	自分の成長に関わる学びを得ることができた。 活動に参加することで，新たな喜びや感動を得ている。
向上志向	知らないことを自分で調べるようになった。 活動から得られたことを，普段の生活にも取り入れたい。
自然との関わり	自然のすばらしさを再認識した。 植物が育つためには時間のかかることを再認識した。
環境保全	環境保全について考えるようになった。 ものを大切に使うようになった。
ストレス	心の豊かさを感じることができるようになった。 活動に参加すると，気持ちがゆったりする。
自己肯定感	これまでの活動を通して，自分に自信がついた。 より深く物事を考えることができるようになった。
ものづくりへの志向	ものに対する見方がかわり，ものを注意深く見たり，さわったりするようになった。 ものをつくる意欲がわいた。
人への関心	子どものように楽しむ心をいつまでも持ち続けたい。 この活動では，普段よりも他の人の考え方や行動に注意を向けた。
コミュニケーション	このような活動は，人と人を通して活動の輪が広がると思う。 協同作業の進め方の大切さを意識した。
活動の意味	活動を通して，それぞれにつながりのあることを意識するようになった。 自分たちの活動は，社会への還元にも重要な活動だと思う。

に関わる項目が抽出されたことからも確認できる。

3.2.3　調査結果及び考察

調査を２回実施した結果，それぞれの調査において最大値，最小値を示した活動メンバーは同一人であった（表６）。最大値を示した活動メンバーcは，積極的に活動に参加し，自由記述にも，「いつも書いていることだが，普段の仕事のことを忘れて気持ちが落ち着く。」と本実践への参加に意義を感じている。また，最小値を示した活動メンバーhは，実際の活動には参加

表６　調査結果（N=８）

	2007年５月	2008年４月
平均値	121.625	124.250
最大値	140	145
最小値	89	97

表７　調査結果の有意差検定（N=８）

	統計量：Z	P　値	検定結果
a	1.278	0.201	n.s.
b	1.690	0.091	n.s.
c	1.245	0.213	n.s.
d	2.072	0.038	*
e	0.227	0.820	n.s.
f	2.840	0.005	**
g	順位和に差なし		n.s.
h	1.154	0.248	n.s.
合計	1.381	0.167	n.s.

*：p<.05，**：p<.01，n.s.：有意差なし

することができず，メーリングリストやwebページ上で参加する傍観者的立場であった。

また，有効回答の８名の調査結果をもとに，対応のあるウィルコクソンの符号順位和検定[16)]を実施した（表７）。５％水準で有意差の認められた活動メンバーdは，「まだまだ不十分ではあるものの，問題意識や行動に移してみようという意欲は高くなったと思う。」と記述している。１％水準で有意差の認められた活動メンバーfは，「なんでも物を作ることは，思わずいつのまにか夢中になっていると思います。そんなにたいして集中していたわけではありませんが，でも楽しいから集中もできました。」と回答している。最大値を示した活動メンバーcや最小値を示した活動メンバーhは，１年前から固定された意識になっていたため有意差が認められなかったと推測で

きる。

次に，項目群ごとの有意差検定を実施した結果，自己肯定感に関する項目群において有意差（Z=2.023，p<.05）が認められた。また，各項目の有意差検定では，項目４（活動中はそれだけに夢中になることができた）において有意差（Z=2.201，p<.05）が認められた。この結果より，本実践への参加は，自己肯定感や集中に関する心理的な効果を得られることが示唆された。

また，自己肯定感に関する自由記述では，自信や物事を深く考えることに対して，積極的な回答と消極的な回答が示されている。これらは，活動への参加態度にも影響していると推測できる（表８）。また，ファシリテーションの機能からは，学習者自身が導き出した気づきや解釈が読み取れ，日常生活への応用を自ら促す記述も認められる。

以上の調査結果より，本実践の環境保全やものづくりを通して，活動メンバーの自己肯定感や集中に関して向上させる可能性のあることが示唆された。また，振り返りの機会を持つための調査は，参加者自身の自己教育につながるファシリテーションが機能したと推測することもできた。組織を運営する側は，一般市民の楽しみや自己実現の結果が，社会や自然環境に対する

表８　有意差の認められた項目群と質問項目における自由記述

	活動メンバーの自由記述の回答
自己肯定感に関する項目群	・もう少し努力する余地があると感じている。 ・活動をさぼると自信がなくなります。だからもっと参加し，活動以外でも自信を発揮できるようにしたい。 ・本活動で知り合った人との会話によって刺激されることが多々あった。 ・自分の性格上，物事を深く考えられないのだと思う。単純に単純に考えてしまうため，後で後悔することが多い気がします。 ・人のまねをしていることがまだまだある。
項目４（集中）	・いつもその日の目の前の作業のことしか考えていなかった気がする。 ・時間が気になりますが。 ・特に木工をしているときは他のことをすべて忘れることができたと思う。 ・集中することができた。

還元可能な成果につながるように配慮することは重要である。ここでは専門家と一般市民の連携を実現することが一つの解決策につながると考えている。本実践では，作成した堆肥の科学的評価，ものづくり教室の開催や学会などへの研究報告として一定の専門性を保つことができた。また，ファシリテーターとしての役割を果たし，環境保全をフィールドに参加者の自己実現を援助することの可能性について検討することもできた。

本実践の今後の課題としては継続性，組織づくりなどが挙げられる。継続性については，どの市民団体でも抱えている経済的な問題と参加者の確保の問題である。現代は慢性的な忙しさに追われ，仕事をもった市民は，余暇を市民活動に利用することもむずかしい。本活動メンバーは20代から40代であり，休日に出勤することも多く，継続的に本実践へ参加することはむずかしかった。

また，本実践のような市民活動やNPO法人での課題の一つは組織づくりである。このような活動では，責任や仕事が特定の人に偏り，能力のあるリーダーに組織が依存する傾向にある。一般市民は，報酬のない活動であるため，責任感をもって活動を継続，推進することはむずかしい。単に法的な整備のみではなく，企業や地域の活動が市や県の公務としても取り扱われるような政策も必要ではないかと考えられる。例えば，市民参加を促す方法として，行政の取り組みや法制度を改変することが挙げられ，先進国の事例では市民運動の高揚があったことが紹介されている[17)]。

4．まとめ

本章は，環境保全を促進するための市民活動について，技術教育の側面から検討したものである。技術教育の特徴の一つであるものづくりを通して環境保全を図る市民活動について実践と評価を試みた。また，これらの実践活動について，ファシリテーションの機能や意識調査から参加者の自己実現を支援する可能性について検討した。以上の結果，次のことが明らかとなった。

1）ものづくりを通した環境保全を図る市民活動について，２年間の企画・実践を継続することができた。その実践活動の内容をまとめ，“自然と人間の活動の循環”及び“人間の活動における循環”から構成される実践モデルを提案することができた。

2）参加者の意識調査では，本実践のものづくりや環境保全は，参加者の自己肯定感や集中に関する意識について向上させる可能性のあることが示唆された。また，本実践を通して，体験学習におけるファシリテーションが機能したことを確認することができた。

参考文献

1）佐島群巳：環境教育入門，国土社，pp.10-12，pp.135-139，(2000)

2）阿部信太郎　他22名：中学校学習指導要領解説　技術・家庭編，文部科学省，(2008)

3）日本産業技術教育学会　課題研究委員会：21世紀の技術教育：技術教育の理念と社会的役割とは何か　そのための教育課程の構造はどうあるべきか，p.５，(1999)

4）環境基本計画：環境省，pp.110－111，(2006)

5）金沢大学人間社会学域地域創造学類：http://www.ed.kanazawa-u.ac.jp/~region/all/15/index.html，2008/06/16閲覧

6）津村俊充，石田裕久：ファシリテーター・トレーニング自己実現を促す教育ファシリテーションへのアプローチ，ナカニシヤ出版，pp.2-6，(2003)

7）高橋里佳，小松尚：大学・地域連携によるキャンパス緑地の保全・活用に関する研究：金沢大学角間の里山自然学校の活動を事例に，学術講演梗概集，F-１，都市計画，建築経済・住宅問題，pp.233-236，(2008)

8）龍谷大学里山学研究センター，http://satoyamagaku.ryukoku.ac.jp/，2010/07/26閲覧

9）太田千晶，堀越哲美，田中稲子：名古屋市における身近な緑を活用した子どもの環境教育の方法に関する研究，日本建築学会大会学術講演梗概集，pp.625-626，(2007)

10）岳野公人，笠木哲也：里山におけるものづくり教材開発と環境教育の実践，環境教育，Vol.16，No.2，pp.59-86，(2007)
11）金沢大学「里山プロジェクト」：金沢大学「角間の里山自然学校」を拠点とした自然共生型地域づくり，平成17～21年度特別教育研究経費（連携融合事業）成果報告書，(2009)
12）米川智司，宮崎啓子：大学農場における環境教育の推進：市民参加型農園を通した取り組み，日本作物学会関東支部会報，pp.8-9，(2007)
13）岩手県岩手郡葛巻町：http://www.town.kuzumaki.iwate.jp/　2010/08/09閲覧
14）E.F. シューマッハ：スモール　イズ　ビューティフル，講談社文庫，p.196，(1999)
15）岳野公人，鬼藤明仁：中学生におけるものづくり学習の意義に関する一考察，日本産業技術教育学会，Vol.50，No.3，pp.125-134，(2008)
16）柳川堯：ノンパラメトリック法，pp.61-63，pp.102-104，培風館，(1982)
17）柿沢宏昭：合意形成と環境保全に関する国際シンポジウム報告：環境保全計画への市民参加をめざして，森林科学，No.14，pp.64-65，(1995)

第３章　里山におけるものづくりの教材開発と環境教育の実践

１．はじめに

第１章で述べたように，我々の生活によって引き起こされる自然環境破壊への警鐘は，人類の共通認識になりつつある。そして，自然環境に配慮した生活様式への転換や思想そのものの再構築が迫られている。環境教育は，そのような問題を教育の側面から解決しようとする試みである。この環境教育の一分野に，ものづくりによる環境教育が位置づけられている[1)]。

ものづくりによる環境教育は，公共団体や地域グループの企画などで多く存在するが，研究として位置づけ，その教育効果まで評価したものは少ないようである。学校教育では，間伐材を利用した実践が報告されている[2)]（福中・垣見，2002）。これらは，いずれもものづくり体験型の実践であり，環境教育の効果については検討されていない。また，生涯学習の一環として，地域住民に木材加工教育を継続的に指導した試みも認められる[3)]。

ここで，著者は，ものづくりを通した環境教育実践の場として「里山」に注目した。里山は，広義には二次林や草地，農地，集落という伝統的農村景観であるが，本章では，狭義の里山である二次林，特にコナラやアベマキなどを主体とした落葉広葉樹林を研究の対象地とした。このような二次林は，かつては薪や炭などを生産するための薪炭林，あるいは落葉や低木・下草から堆肥を得るための農用林として利用されることで機能や景観を維持してきた[4)]。しかし，1960年代以降のエネルギー革命によって，里山の利用価値が著しく低下した。これに伴って日本の多くの里山では植生遷移が進行し，潜在的な植生景観への移行や，ササの繁茂などが進みつつある。このように放置された里山では，主に林内照度の不足によって生物多様性の低下が懸念されている。環境省[5]は，人間活動の減少による自然の荒廃が里山の生物多様性の危機をまねいているとして，里山の保全と持続可能な利用を重点施策の一つにあげた。

このような背景から，里山の保全活動は近年注目されている。例えば，レクリエーションや環境教育を目的とした里山保全活動は様々な団体で実施されている。これらの活動形態には一般市民の参加による短期の体験型から，学校教育のカリキュラムなど長期の教育プログラムまで多岐にわたっている[6]。

多くの里山保全活動では，間伐や下草刈りが行われているが，それによって生じた間伐材などの処理や利用法が大きな課題となっている。里山の積極的な利用を進めるために，保全活動によって生じる自然木などをものづくりの材料に利用することからは環境教育の効果も期待できる。

以上のことから，本章では，学校教育のカリキュラムにとらわれない，ものづくりを通した環境教育の重要性という観点から，人間生活域の自然環境である里山に着目し，ものづくりを通した環境教育の実践とその効果について明らかにすることを目的とした。特に，環境教育の学習者を児童・生徒に限定せずに，一般社会人を含め生涯学習の一環として本章の実践を位置づけた。

2．方法

環境教育を目的としたものづくりの教材開発に対して意識調査を行い，教育実践の評価を実施した。

2.1　自然木を利用したものづくりの教材開発

概要：金沢大学は，これまで里山として利用されていた場所に立地している。金沢大学角間キャンパスの里山自然学校[7]は，里山の保全活動を月２回程度継続的に実施している。里山自然学校の活動内容は，保全活動につながる生態学的な植物調査や里山を利用するための間伐，下草刈りなどである（写真1）。この保全活動から排出される間伐や風雪による倒木などの活用を目的として，自然木を利用したものづくり教材を開発した。

この教材の目的は，里山保全やものづくりを体験することで，広く環境保全や生活様式を再検討する機会を提供することである。この教材を用いた学習過程は，導入部で保全活動の体験と説明，教材の製作，まとめに至る。学習者の既有知識・技能や時間の制約により，保全活動を簡略化し，教材の下準備をしておくこともできる。

また，学校教育カリキュラムでは，すべての児童・生徒が同じ条件で学習する機会を保証する必要性もあるが，そのことが生徒個人の能力に応じた学習の機会を失う危険性もある。そこで，本章での教育実践においては個人の能力や知識に対応することにも焦点をおき，少人数の教育実践を実施した。

2.1.1　自然木を利用したものづくりの教材

この教材は，すでに材料取りをされた角材や板材から製作を始めるのではなく，まだ樹皮の残る自然木から製作を始めるところに特徴がある（写真2）。植物としての樹木にふれる機会を提供することで，自然環境の恩恵をよ

写真1　里山保全の様子

写真2　材料となる自然木

り身近に感じることができると考えた。ここでの自然木には，ホームセンターや教材業者から購入した角材や板材ではなく，立ち木が風雪などにより倒木となったものを材料として利用した。

この教材の工程表を表１に示す。倒木などの自然木を里山から運び出し，大まかに荒取りされた丸太を斧やなたを使用し，小片木にする。この後のこぎりやかんなを使用し，材料取りが終了する。この材料に，ナイフやスプーンの形状を下書きし，小刀やのこぎりを用いて成形加工し，サンドペーパーで仕上げ，クルミの実で塗装を行う。試作として普段の生活に使用できるバターナイフ，スプーン及び器などを検討した。今回の実践では，時間的な制約から，材料取りの工程からバターナイフを製作することとした。材料は，風倒木として排出されたコシアブラやコナラを使用した。コシアブラ（気乾比重:0.35-0.51）の材質はきめ細やかで初心者にも加工しやすい。コナラ（気乾比重：0.60－0.99）は硬めの材で，初心者には加工することが困難であった[8)]。教材の選定や自然木の材料化については，先行事例の作品[9),10)]を参考にした。

表１　ものづくり教材の工程表

工程名	内容	使用道具・用具
材料集め	倒木などの自然木を適度な大きさに丸太切りをする。	大型のこぎり，ロープ，リヤカー
材料取り	製作するものに必要な寸法の材料を丸太から切り出す。	大型のこぎり，斧，なた，かんな
デザイン	製作するものの形や機能を考えて，下書きする。	筆記用具
成形加工	デザインしたものを材料にかき込み，形を整えていく。	のこぎり，かんな，小刀，のみ
仕上げ	製作するものの表面をなめらかに仕上げていく。	サンドペーパー
塗装	表面保護や完成度を上げるために塗装をする。	天然塗料（クルミ），ウェス

2.1.2　指導の注意点

大学生５名，高校生４名に対して予備実践を実施し，その際の学習者の感想や意見から，指導内容や作業工程について改善点を検討した。製作においては，単にものをつくることだけを避ける必要がある。学習の時間に余裕がない時でも，自然木を見本に設置し，保全活動の様子が理解できるよう資料を準備し，説明を十分に行った。今回対象とした学習者は，木材加工に関する専門的な知識や技能は習得しておらず，必要に応じて木材の性質や工具の使用方法についても説明した。

また，保全活動や製作に際しては，安全に配慮し，救急箱の準備や緊急連絡先を確認した。

2.2　ものづくり教材を用いた環境教育の実践

実践場所は，学校教育のカリキュラムにとらわれないことから以下の場所を環境教育の実践の場として設定した。金沢大学教育学部木工室（以下，木工室），金沢大学創立50周年記念館（以下，記念館），金沢大学附属中学校技術室（以下，技術室）の３ヵ所を必要に応じて利用した。

実践期間は2005年10～12月の期間であった。教育実践は，１回に３～７名のグループ（計22名）で120～150分の時間をかけて実施した（表２）。

実践の評価方法は，意識調査による実践の事前調査と事後調査の結果を比較検討した。事前・事後調査ともに使用した調査票の内容は同様である（表３）。調査票は，先行研究[11)]を参考にして質問項目を作成した。例えば「里山を通じて環境保全活動に参加したい」などの環境保全に関する意識調査６項目（項目１，４，５，６，７），「ものづくりを通して習得した知識や技能を，日常生活で活用することができる」などのものづくりに関する意識調査５項目について回答をもとめた（項目２，３，８，９，10，11）。意識調査は「すごくそう思う」から「まったくそう思わない」までの５件法によって実施した。回答の得点化には，環境保全やものづくりに対して好意的になるほ

表 2　実践状況

回数	実践日	場所	学習者	人数	時間(分)
1	10/26	木工室	大学生	7	120
2	11/12	記念館	一般	3	150
3	11/26	記念館	一般・大学生	4	150
4	11/24～30	技術室	中学生	5	150
5	12/12	記念館	一般	3	150

表 3　環境保全とものづくりに関する質問項目

1	里山を通じた環境保全に興味・関心がある（環）
2	木材を用いたものづくりに興味・関心がある（も）
3	生活に必要なものは，つくるよりも買った方がよい（も）
4	里山を通して環境保全活動に参加したい（環）
5	里山について知ることは，環境保全につながる（環）
6	廃材を利用することは，環境保全につながる（環）
7	自分の生活の中に里山のような自然がほしい（環）
8	こわれたものは，新しく買うより仕方がない（も）
9	ものづくりを通して習得した知識や技能を，日常生活で活用することができる（も）
10	ものづくりの経験で，何事にも一生懸命に取り組むようになる（も）
11	自分の生活の中にものづくりを取り入れたい（も）

（環）：環境保全に関する質問項目，（も）：ものづくりに関する質問項目

ど得点が高くなるように換算した。

また，質問項目からは明らかにできない学習者の意見を抽出するために環境保全とものづくりに対する自由記述調査も同時に行った。

統計分析は本実践による教育効果を確かめるために，実践場所ごとに（木工室，記念館，技術室），ウィルコクソンの符号付順位検定によって実践前後での対象者の意識変化を調べた。本章の実践のように，対象者が少数の場合は，有意差検定にはノンパラメトリック法を用いることが有効であると示されている[12)]。

３．結果及び考察

3.1　実践結果の概要

環境教育の実践に参加した学習者は10〜50代の男女22名であり，けがなどもなく教材のバターナイフを完成することができた。すべての学習者は，環境保全の説明や体験に興味を示し，製作においては集中して取り組んでいた。実践の様子を写真３に示す。また，参加者の作成したバターナイフの例を写真４に示す。

3.2　意識調査による実践の評価

本章に使用した調査票には，環境保全とものづくりに関する項目群が含まれている。そこで，項目群ごとに符号付順位検定を実施した結果を図１に示す。

図に示されるように，個人間では，意識得点が上昇した学習者も認められるが実践場所ごとの検定結果では，木工室の７名は，環境保全に関する質問群において有意差は認められたが，ものづくりに関する項目群では有意差は認められなかった。記念館の10名は，環境保全に関する項目群，ものづくりに関する項目群ともに有意差が認められた。技術室の５名は，環境保全に関

写真３　実践の様子

写真４　参加者の作品例

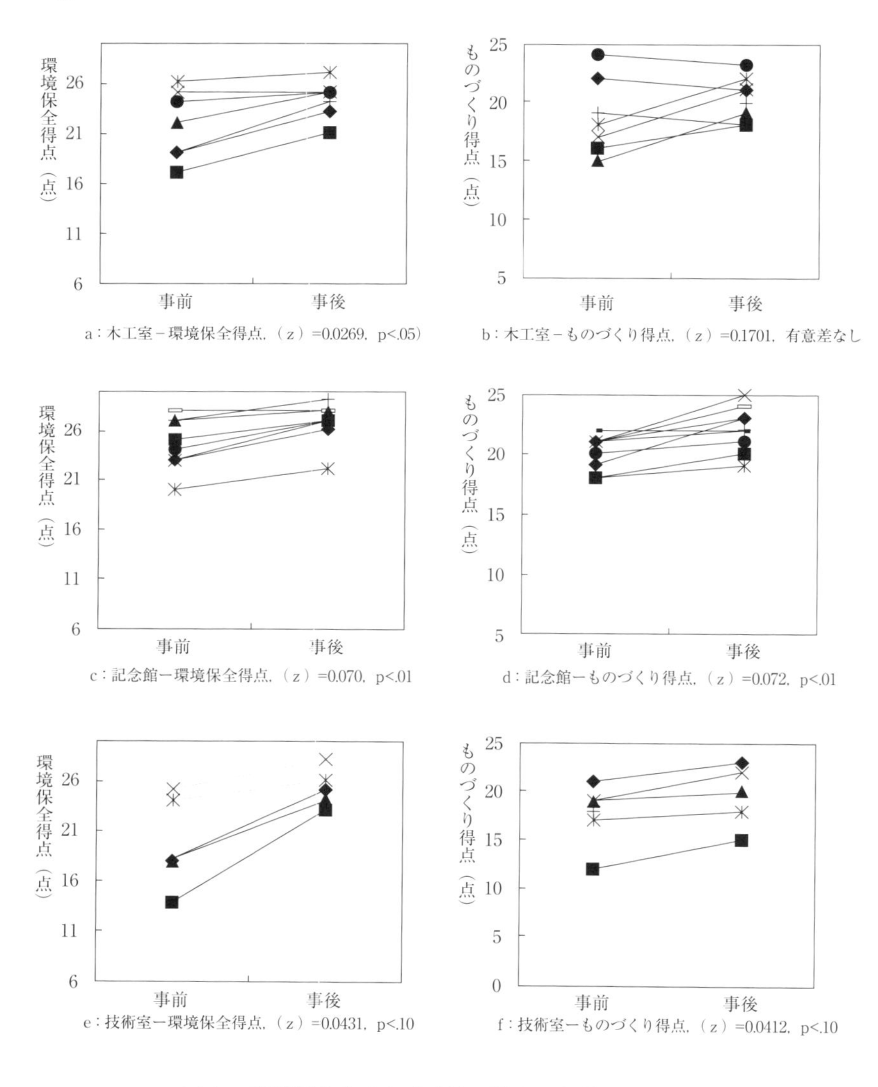

図１　環境保全とものづくりに関する意識調査の結果

する項目群，ものづくりに関する項目群ともに有意差が認められた。

以上の結果から木工室では，環境保全について有効に教育効果を示すことができたが，ものづくりに関しては，評価することができなかった。しかし，記念館及び技術室においては，環境保全，ものづくりに関してともに有意な意識の変容が認められた。つまり，本章で開発した教材は，意識調査の回答から環境教育において有効な教育効果を果たすことが示唆された。また，本実践においては10～50代の学習者に，教育効果が認められたことから，生涯学習の一環として本教材の可能性を提案することもできる。

3.3　自由記述による実践の評価

実践による自由記述の回答を表4に示す。自由記述の回答にも，本章において開発したものづくりの教材を支持する回答が複数認められた。今回の実践ではバターナイフを一つ作ることでも，ものを大切にし，環境にも配慮する態度の形成が認められる。また直接に，環境保全活動ができなくても，ものの大切さや手作りの豊かさなどを感じることができれば，そのことが環境

表4　自由記述の回答

・おもしろかったです
・次はもっと大きいものを作ってみたい
・木材をつくるところからできれば，里山の利用がもっと理解できそう
・木工は中学校以来でした
・時間におわれての生活で忘れがちな自分に必要なものを自分でゆっくりつくることが大切だと感じました
・環境保全はよくわかりませんが，ものづくりは好きです
・自分の力を確かめるためにも，将来の社会につないでいくためにも，もっと作ることに関わっていく必要がある
・ものづくりは，ものを大切にする心をそだて，環境教育にもつながると思う
・廃材を再利用することで自分にも役立てるものができた
・もっと廃材をいろんなところへ使えばいい
・この活動はひろげていってこそ意味がある

の保全につながると考えられる。さらに，自らの生活をふり返り，普段の時間の使い方や廃材の再利用などを見直す機会となったことも注目すべき結果である。小玉・阿部は参加型学習の枠組みを感性学習，知識・技能学習，行動・参加学習段階から構成されると提言している[13]。本教材は，その基盤となる感性学習と知識・技能学習をになうものと考えられる。

以上のように自然木を利用したものづくり教材を開発し，実践の事前調査と事後調査の結果を比較検討することで教育実践を評価することができた。また，自由記述の回答からも本教材の必要性について意見を得ることができた。つまり，本章で開発した教材は，ものづくりを通した環境教育として有効に教育効果を果たすことが示唆された。学習者の自由記述の回答にもあるように，本実践のような活動を継続することが本来の環境教育につながると考えられる。そのため今後も，ものづくりを通した環境教育の実践のあり方や指導方法について検討していく必要がある。また，いくつかの具体的な課題も認められた。例えば，参加者の既有の技能や知識に極端に差異のある場合や，実践場所によっては学習者が集中できない場合も認められた。さらに研究方法については，教育効果をより明確に示すためにも，実践対象者の人数を増やす必要がある。

参考文献

1）佐島群巳：環境教育入門，pp.10-12，pp.135-139，国土社，（2000）

2）福中慎司，垣見弘明：風倒木・小径木を用いた製作とその実習に関する研究：［技術とものづくり］におけるグループ活動と地域参加への発展，日本産業技術教育学会誌，第44巻第3号，pp.45-48，（2002）

3）山本和史：大学における社会人教育について：木工セミナーの実践を通して，岡山大学教育実践総合センター紀要，第一号，p.21，（2001）

4）竹内和彦，鷲谷いずみ，恒川篤史編：里山の環境学，東京大学出版会，p.257，（2001）

5）環境省：新生物多様性国家戦略，ぎょうせい，p.315，（2002）

6）林田光祐，志賀三奈子，丸山三恵子：環境教育の場としての学校林の生態管理，

東北森林科学会誌，Vol.9，No.1，pp.21-29，(2004)
７）金沢大学「角間の里山自然学校」：金沢大学角間キャンパス「里山ゾーン」を活用した里山学習プログラムの研究成果，平成16年度金沢大学「角間の里山自然学校」成果報告書，(2005)
８）木材・樹木用語研究会：木材・樹木用語辞典，井上書院，p.269，(2004)
９）安藤光則：自然木で木工，農山漁村文化協会，pp.18-19，pp.98-99，(1997)
10）Langsner，Drew: Green Woodworking A Hands-On Approach，lark Books，pp.66-91，(1995)
11）岳野公人：技術科における環境教育に関する意識調査と授業実践，金沢大学教育学部附属教育実践総合センター教育工学・実践研究，第28号，pp.65-74，(2002)
12）柳川堯：ノンパラメトリック法，培風館，pp.61-63，pp.102-104，(1982)
13）小玉敏也，阿部治：持続可能な開発のための教育に向けた環境教育における「参加型学習」概念の検討，環境教育，Vol.15，No.2，pp.45-55，(2006)

第４章　里山を利用した環境学習のための椅子教材開発

１．研究目的と背景

環境省がまとめた「環境保全の意欲の増進及び環境教育の推進に関する基本的な方針」の中では，「問題の本質や取組の方法を自ら考え，解決する能力を身につけ，自ら進んで環境問題に取り組む人材を育てていくことが大切であり，このため，環境教育が必要です。」と述べている[1)]。地球温暖化などの環境問題が多くのメディアで取り上げられ，人々の環境問題に対する関心も高まっている。日本でも環境問題解決への取り組みが行われている。しかし，総理府が行った「環境保全に関する世論調査」によると，環境問題についての知識，理解と環境保全や地球環境を考えた行動の実施に違いがあると報告されている[2)]。政策では環境教育の必要性を認め，自ら環境問題に取り組む人材を育てていく重要性を示唆しているが，実際に環境保全に取り組み行動している人は，その意識の高い限られた人だと推測できる。一人ひとりが家庭で，地域で，職場で，問題解決に向けて取り組むことは重要である。

日本でも各地で，地球環境を改善していこうとする取り組みが行われている。例えば，岐阜県では「もったいない・ぎふ県民運動」を展開して，温室効果ガスの排出削減につなげている。また，四国４県では，リサイクルの３R 活動が活発に行われている。３R とは「捨てられるものを減らす（Reduce)」，「再使用（Reuse)」，「再生利用（Recycle)」のことである。そのほかにも全国各地で地球環境を改善しようとする取り組みは行われている[3)]。

「中学校学習指導要領解説技術・家庭編」の技術分野では，「A 材料と加工に関する技術」において，材料の再資源化や廃棄物の発生抑制など，材料と加工に関する技術が自然環境の保全等に大きく貢献していることについて理解させるように配慮する[4)]と述べている。また，技術分野に関わり谷口ら[5)]は「中学校技術科における環境教育の現状」について調査を行い，木材加工で環境教育を展開する学校が多かったこと，授業で取り上げた環境問題は「熱帯雨林の伐採」,「木材の再利用や間伐材の利用」が１位，２位を示したことを明らかにした。授業の中で環境問題を取り上げ，生徒の知識の向上や環境保全の意欲を高めようとする教師の働きかけが認められ，生徒が環境問題や環境保全について学ぶ際に，教えやすく理解させやすい教材として木材を取り上げる傾向がある。

また，現在，日本は国土の３分の２が森に覆われているにもかかわらず，世界中から木材を毎年約8000万立方メートル近く輸入しているという問題が指摘されている。また，輸入されたほとんどの木材は，使い捨てのような状態で消費されているのが現状である。戦後に植林されたスギは，1960年からの木材輸入の自由化で他国との価格競争に負け，放置され劣化した。植林地は，間伐や枝落としもされず，材木としての価値が落ちた。そうなると誰も日本の森に手をつけなくなった。日本と世界の森林問題を解決するために，また，日本の森を守るためにも，国内で増え続ける毎年8000万立方メートルほどの木々を使うことが重要である[6)]と，ある書物では述べられている。

本章の環境教育とは，中学校の技術分野で取り上げられているように木材を利用したものづくりの側面から環境問題や環境保全について学ぶことで，知識の獲得や理解にとどまらず，進んで保全活動に参加する意欲や態度の形成に寄与することと位置づける。

そこで，本章では，木材加工を通して環境問題について自ら考え行動し，主体的に環境保全に取り組んでもらうことを目的とした。前章では地域住民を対象に木材加工を通して環境教育の実践を行い，参加者の意識の変容について調査した。木材加工を通した環境教育の実践結果から新たな教材を検討した。これまでのものづくり教材を用いた環境教育の実践の教材であるバターナイフは，2時間あれば，参加した誰もが完成させられ[7]，木材加工の初心者用の教材である。予備実践のものづくり教室の参加者の多くは，製作後にバターナイフではない，新たなものを作りたいという意見がみられた。そこで，バターナイフよりも技術が必要で，かつ，ものづくり教室の調査結果から「自然との関わり」に関する項目群が低くなったことを受け[8]，さらに自然を感じられる教材の開発について検討した。自然を感じるとは，日々の生活は自然の恩恵を受けてなりたっていると実感することである。

2．教材開発の方法

教材開発の材料には，既製品の木材ではなく森林の整備や保全活動で切り倒して出た間伐材を使用する（写真1，2）。間伐の工程表を表1に示す。また，間伐の記録を表2に示す。森林の整備をすることで荒れた森林を人が入りやすい状態にし，動物と人間との生存領域の境界線にもなる。

2.1　教材の選定

教材の選定は，ものづくり教室の参加者の自由記述と調査結果を用いて検討した。ものづくり教材を用いた環境教育の実践を行った際に，「次回，こういった企画に参加するときに作ってみたいものがあればお書きください。」

写真1　間伐の様子

写真2　丸太状態の間伐材

表１　間伐の工程表

工程	内容	時間(分)
樹木の選定	間伐の必要のある樹木を選定する。	30
倒木	のこぎりやくさびを用いて倒木。安全に注意。	120
測定	年輪の数や幹長けを測定する。	30
切断	運びやすい大きさに切断する。	60
		計240

表２　間伐の記録

日付	時間(分)	人数(名)	樹種	樹齢(年)	樹高(m)	樹径最大(mm)	樹径最小(mm)
2009.11.5	180	4	コナラ①	35	15	260	210
2009.11.24	120	2	コナラ②	35	12	250	200
			コナラ③	25	8	160	130
2009.12.2	120	3	コナラ④	33	15	220	180
			コナラ⑤	23	10	180	140
2010.1.22	120	2	コナラ⑥	39	17	300	240
			コナラ⑦	32	12	180	160

と自由記述用紙に項目を設け，回答してもらった。回答内容は，動物の置物，スプーン，椅子や棚など，多岐にわたっていた。大型の機械を使わず，手工具を用いて生木を削る作業を取り入れた教材を考えた。自由記述より，棚や箱，椅子などが教材の候補であった。棚や箱は大型の機械を使うため，候補から除外した。

そこで，椅子を教材にすることにし，多種ある椅子の中でも比較的に部材が少なく作りやすいスツールに着目した。スツールは，背もたれやひじ掛けのない１人用の椅子のことである。以上のことから生木の加工を利用したスツールを教材に選定した。

森林から切り倒されてきて間もない間伐材は水分を含んでいる生木である。生木を利用することで，作る人が自然を感じやすくなると考えた。また，大型の機械は使わずに，主に手加工での作業になるため作り上げていくうちに愛着が深まることが予想される。愛着が深まると作ったものを大切にしようとする。木材は，木目があり，機械では木目に沿った材料取りということができない。手加工することで木目に沿った材料取りをすることができ，かつ，木目が長く通った材料は木目が短く途切れている材料より強度が増し，見た目もきれいに仕上がる。大型の機械を使って材料を製材して作る棚や箱などでは味わえない教材だと考えられる。

2.2 教材開発の準備

スツールを製作するために，作業台が必要である。生木を利用したスツールを作る時には，専用の工具を使って材料を削っていかなければならない。その時に，材料を挟み，固定する役割を果たすのが作業台である。作業台としてはシェービングホース[9]が適切であると判断し，これを製作することとした。シェービングホース製作に要した時間は，およそ1カ月程度であった。完成したシェービングホースを写真3に示す。

写真3 製作したシェービングホース

2.3 スツール試作

スツールを教材として実践を行う前に，試作品を製作し，実際に完成までに掛かる時間や必要な工具，材料，製作にあたっての注意点など，確認しておかなければならない。試作品を製作することで，作る人の見本にすることもできる。試作の図面を図1に示す。シェービングホースを作業台として使

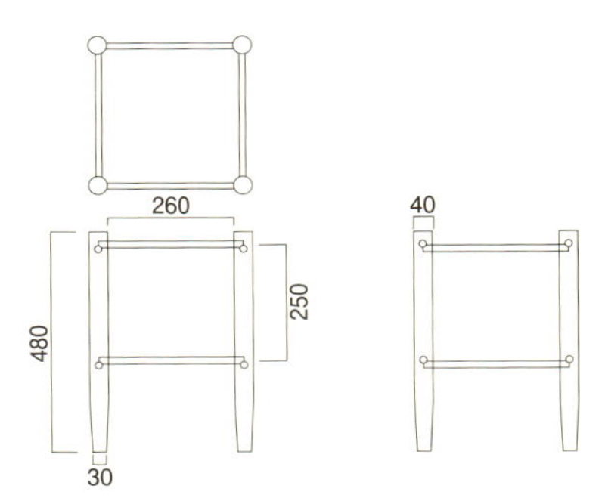

図１　スツール試作の図面

写真４　製作の様子

写真５　試作したスツール

用し，材料を削る（写真４）。完成した試作を写真５に示す。このスツールは，４本の脚と８本のストレッチャー（ぬき）から構成されている。試作の完成までにおよそ１ヵ月程度かかることが明らかとなった。工程表を表３に示す。

必要な工具は，材料を削るためのドローナイフ（写真６），小刀，脚とストレッチャーを仕上げる南京カンナ（写真７）など，普段あまり聞いたことがないものばかりである。その他にも部品加工の際に用いる各種の治具（写真８）などがある。治具は作業環境に合わせて適宜準備すればよい，今回は長さや材料を固定するためのテンプレートや治具を準備した。

試作を製作してわかったことは，一般の人が自らの力だけで，スツールを

表３　スツールの工程表

工程	内容	工具	時間(h)	備考
材料取り①：荒取り	長さテンプレートを用い，丸太を切断	テンプレート，のこぎり，軍手	3	
材料取り②：丸太割	くさび，ハンマーで丸太割	くさび，ハンマー，軍手	3	
荒削り	脚，ストレッチャーを八角形にする	シェービングホース，ドローナイフ	12	60分×12
乾燥	荒削りした材料を十分に乾燥させる			4週間
仕上げ加工	八角形を円形に仕上げる	シェービングホース，南京カンナ	12	60分×12
穴あけ	ボール盤を用いて必要な穴を開ける	ボール盤，固定治具	6	
接合	仮組後，すべての部材を接合	クランプ，接着剤	3	
座面編み	鞄用ベルトなどで座面を編み込む	ベルト	3	
		計	42	

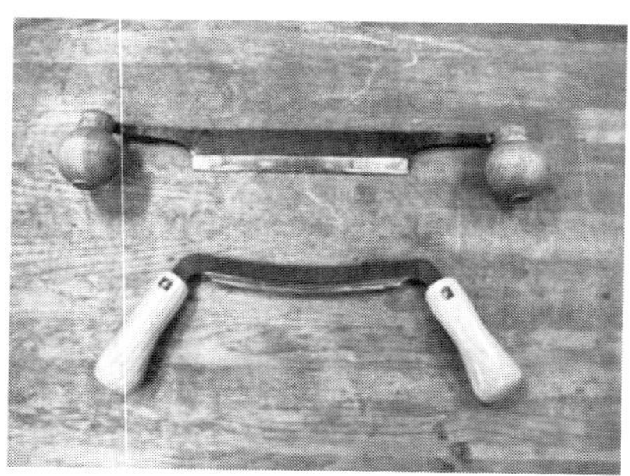

写真６　ドローナイフ

写真７　南京カンナ

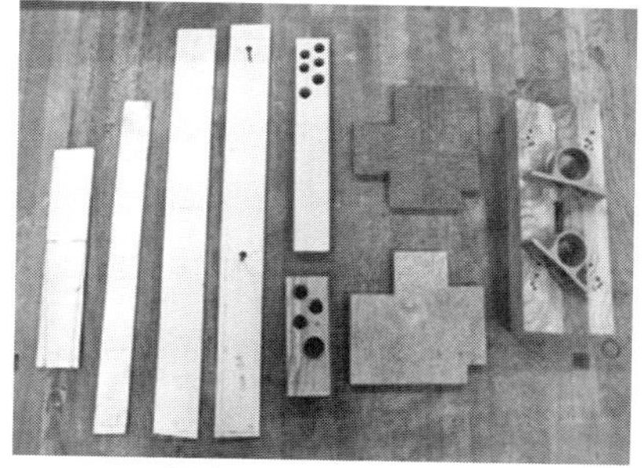

写真８　各種の治具

作ろうとしても，山に入り，材料を集め，丸太を割り，シェービングホースを作り，木を削るという工程を再現することは難しいということである。環境教育の実践の教材として用いた場合，１ヵ月以上の長い作業計画を立てなければならず，工程のすべてを行うことは容易ではない。また，時間がかかることは言うまでもないが，間伐から製作までに必要な工具を集める費用も安くはない。教材として用いるには，すべての工程を行うのではなく，一部の工程を体験して参加者に自然を感じてもらえるようにしていかなければならないと考えられる。

そのほかにも，木の特徴や性質，木材を乾燥させることで起こる伸縮などの木材加工の知識や技術も学べ，間伐材を使用することで，保全活動についても学べると期待できる。

2.4　生木の加工を利用した環境教育の実践

試作を製作して明らかとなったのは，スツール作りには，１ヵ月という時間がかかるということである。地域住民を対象にして実践しようにも１ヵ月もの長期に渡り，予定を立て，作業を続けられる人がどれだけいるかが問題である。

そこで，スツールを教材にして実践を行う前に，大学生を対象に実践を行った。全ての工程を行うと時間がかかるため，実践では生木を荒削りしても

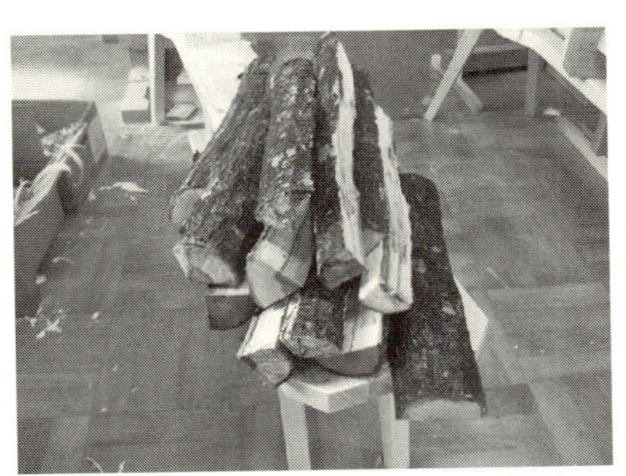

写真９　予備実践で使用する材料

表４　予備実践のタイムスケジュール

学習過程	学習内容	学習者の活動内容	指導者の支援
導入 (20分)	説明	・スツール作りと環境保全活動の繋がりについて学ぶ。 ・今回製作するストレッチャーの作り方，工具や作業台の使い方を学ぶ。	・今回の材料を見せながら説明する。 ・スツールとストレッチャーの見本を用意する。 ・工具や作業台の使い方を説明しながら，手本を見せる。
展開 (60分)	切削	・乾燥材と生木の違いを知る。 ・板目とまさ目について知る。 ・基準面を作る。 ・削り片が水分を含んでいることを知る。 ・繊維方向が直線でないことを知る。 ・治具の使い方を知る。 ・治具を使って第二基準面を作る。 ・材料を四角形にしていく線をひく。 ・材料を四角形に削る。 ・材料を八角形にする線をひく。 ・材料を八角形に削る。 ・ストレッチャーに日付を書く。	・手触りや重さの違いを伝える。 ・板目を基準面にすると作りやすいことを伝える。 ・手を傷つけないために軍手を準備する。 ・ドローナイフがうまく使えない学習者には，手本を見せる。 ・削り片を押して水分を出し，生きた樹木であったことを伝える。 ・木目が直線でない材料の見本を見せ，説明する。 ・木目に沿って削るように伝える。 ・不要な部分が多い材料は，切断して削りやすいように手助けする。 ・治具の使い方を伝える。 ・材料に線をひく方法を伝える。 ・線を削らないように注意させる。 ・削りすぎに注意させる。
まとめ (10分)	事後調査	・自由記述調査に回答する ・口頭で感想を言う。	・ストレッチャーの乾燥について説明する。 ・自由記述の用紙を配る。 ・口頭で今回の実践の感想を聞く。

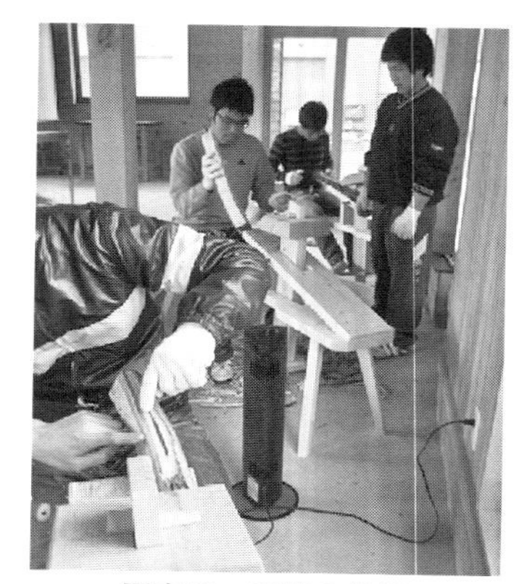

写真10　実践の様子

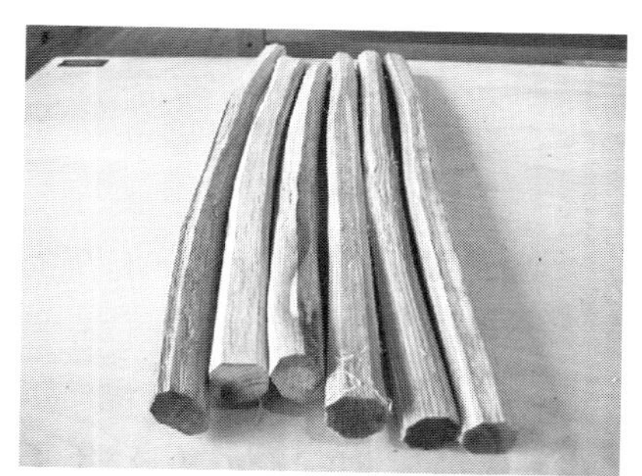

写真11　完成したストレッチャー

表5　学習者の自由記述

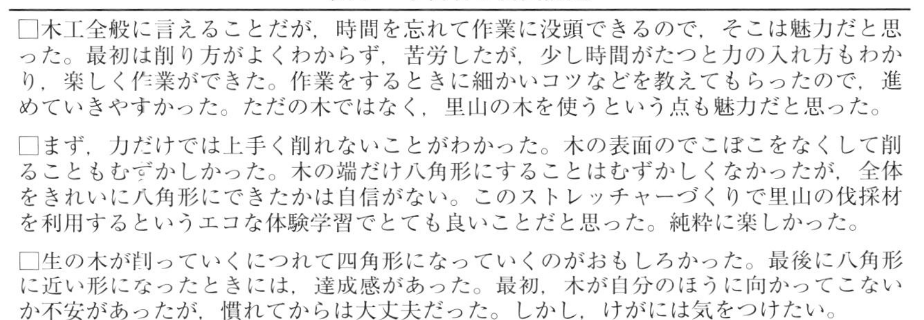

□木工全般に言えることだが，時間を忘れて作業に没頭できるので，そこは魅力だと思った。最初は削り方がよくわからず，苦労したが，少し時間がたつと力の入れ方もわかり，楽しく作業ができた。作業をするときに細かいコツなどを教えてもらったので，進めていきやすかった。ただの木ではなく，里山の木を使うという点も魅力だと思った。

□まず，力だけでは上手く削れないことがわかった。木の表面のでこぼこをなくして削ることもむずかしかった。木の端だけ八角形にすることはむずかしくなかったが，全体をきれいに八角形にできたかは自信がない。このストレッチャーづくりで里山の伐採材を利用するというエコな体験学習でとても良いことだと思った。純粋に楽しかった。

□生の木が削っていくにつれて四角形になっていくのがおもしろかった。最後に八角形に近い形になったときには，達成感があった。最初，木が自分のほうに向かってこないか不安があったが，慣れてからは大丈夫だった。しかし，けがには気をつけたい。

らうスツール作りの一工程を体験してもらうことにした。材料は丸太を４分の１に割っただけの生木である（写真９）。また，実践のタイムスケジュールを表４に示す。実践場所は，金沢大学の木工房で行った。実践の様子を写真10に示す。また，学習者が完成させたストレッチャーの例を写真11に示す。

予備実践の結果，学習者はみなタイムスケジュールの時間内に完成させることができた。怪我もなく，木を削ることだけに集中していた。

実践における学習者の自由記述を表５に示す。自由記述からは，木を削る作業をすることが，楽しい，おもしろいという言葉が見受けられた。「間伐材を利用するというエコな体験学習でとても良いことだと思う」などの環境に関することについても考えるきっかけになったのではないかと思われる自由記述も確認できた。

３．まとめ

スツールを製作するには，ドローナイフや南京カンナなどの専用の工具や生木を挟み固定する作業台にシェービングホース，部材の製作に治具が必要になることや１ヵ月以上もの製作期間がかかることが明らかとなった。

スツールの製作を通して，木を削ることで爽快感が味わえ，すべて手作りで完成させたという達成感も得られると予測できる。また，木の特徴や性質，木材を乾燥させることで起こる伸縮などの木材加工の知識や技術も学べ，間伐材を使用することで，保全活動についても学ぶことができると期待できる。

予備実践の自由記述より，教材の製作を通しておもしろさや達成感が得られ，木を削る作業を通して環境について考えるきっかけとなったという回答が得られた。しかし，実際に，教材にしたときに日常生活の中からスツール製作のために１ヵ月という時間をさけるのかどうかは課題である。

参加者が里山に入り，木を切り倒してくるところからスツール完成までを体験してもらうには，設備と時間が足りない状況である。また，生木の加工を利用した環境教育の実践の対象の人数が少ないことから教材の製作を通して，どのような効果が得られるのかを明確にするためにも実践対象者の数を増やす必要がある。それらをどうしていくかが今後の課題である。

参考文献

1）環境省：環境保全の意欲の増進及び環境教育の推進に関する基本的な方針，(2004)

2）総理府：環境保全に関する世論調査，総理府世論調査報告書，(1993)

3）財団法人省エネルギーセンター 監修，PHP 研究所 編者：[省エネ編] 地球環境にやさしくなれる本，PHP 研究所，pp.28-31，(2006)

4）文部科学省：中学校学習指導要領技術・家庭編，pp.16-17，(2008)

5）谷口義昭，久下沼有希子，吉川裕之，吉田誠：中学校技術科における環境教育の現状：奈良県の場合，奈良教育大学紀要，Vol.48，No.1，（人文・社会），pp.49-58，(1999)

6）田中優：環境教育　善意の落とし穴，大月書店，pp.70-74，(2009)

7）岳野公人，守田弘道：木材加工を通した環境教育に関する授業実践，教育実践研究，Vol.34，pp.43-48，(2008)

8）岳野公人，笠木哲也：里山におけるものづくり教材開発と環境教育の実践，環境教育，Vol.16，No.2，pp.59-86，(2007)

9）Drew Langsner：GREEN WOODWORKING：A Hands-On Approach，Lark Books，p.166，(1995)

第５章　里山二次林の落葉を活用した堆肥化に関する教材研究

1．はじめに

環境教育を推進するために用いる教材について，科学的な根拠のもとに開発することは重要である。本章は，環境教育実践の場として「里山」に注目している。里山は，広義には二次林や草地，農地，集落という伝統的農村景観であるが，本章では，狭義の里山である二次林，特にコナラやアベマキなどを主体とした落葉広葉樹林を対象地とした。このような二次林は，かつては薪や炭などを生産するための薪炭林，あるいは落葉や低木・下草から堆肥を得るための農用林として利用されることで機能や景観を維持してきた[1)]。しかし，1960年代以降のエネルギー革命によって，里山の利用価値が著しく低下し，放置された里山では，主に林内照度の不足によって生物多様性の低下が懸念されている。環境省[2)]は，人間活動の減少による自然の荒廃が里山の生物多様性の危機をまねいているとして，里山の保全と持続可能な利用を重点施策の一つにあげた。

二次林を維持するためには，二次林の定期的な伐採と落葉の林外持出しを実施することが不可欠であり，これらの資材を生活の中で活用するといった物質循環を図ることが里山を維持する基本であると考えられる。本章では落葉の利用として堆肥化を考え，その過程を科学的に解析する。また，里山生活での応用として，調製した腐葉土としての利用，日常的生活の中で付随的に排出される他の有機資材（米ぬかなど）と落葉を混合させて堆肥化する過程で生じる現象を科学的に解析し，環境教育での教材化を図る。

佐島[3)]は環境教育の教材として作物栽培は重要であると指摘している。また環境教育における作物栽培の実践例として「有機農業の作物作り」[4)]，「自然農法のひみつ」[5)]などが提案されている。しかし，実際のデータを示していないため具体的な教育実践へはつながりにくいと考えられる。そこで，本章では，環境教育の教育実践へ活用できるよう具体的なデータ，準備物などを提案することを意図した。

また，我々の生活から排出される様々な資材を利用した堆肥化の試み[6)]は，今後の環境教育において我々の生活と環境保全を直接結びつける有益な教材になりうると考えられる。そこで本章で着目した堆肥化の方法では，従来行われてきた落葉を利用した堆肥の生成と異なり，土着菌を活用して資材の分解を促進させていることである。これは現在忘れ去られた里山における物質循環（米ぬか・家畜のふん・落葉などの採取・収集：農業利用）を，この教材で学習することから環境教育の推進を目指している。なお，ここでいう土着菌とは，２週間里山の林床下に放置した0.5kg のジャガイモに白いカビが発生している状態で採取した菌類の総称である。ここで用いたジャガイモは，菌類を採取しやすいように皮をむいて一度煮たものを，地表に放置した。またこの方法によれば，市販の堆肥活性化菌を利用するよりも，里山周辺の生活環境下で排出された各種残さの有効利用について学習することもできる。ただし，この土着菌に含まれる菌類の同定は実施していないため今後の課題とする。

２．落葉を利用した堆肥の生成

里山二次林から収集した落葉を材料として用い，以下の堆肥化試験を実施した。

堆肥化試験は，木製の方型枠内に収集した落葉を堆積させ，空気が入らないように足で踏み固めながら落葉を層状化し，時間の経過とともに分解する過程（堆肥化）を調査した。

堆肥生成期間：2006年５月23日～７月20日まで。試験区は，５月23日に設置した。落葉の収集は，同年３～５月にかけて行った。

準備物：里山から拾い集めた落葉（写真１），米ぬか，馬ふん，土着菌。

道具：計量器，スコップ，一輪車，コンテナ，設置枠（事前に作成した450mm×450mm×450mm の木製の枠），温度計（100℃測定可能）。

試験区の設定：試験区１（落葉のみを堆積させたもの），試験区２（落葉と米ぬかを混合させたもの），試験区３（落葉と米ぬかの混合物に馬ふんを加えたもの），試験区４（落葉，米ぬか，馬ふんの混合物に土着菌を加えたもの）の４試験区を設定した。

試験区設置手順と分量：落葉，米ぬか，馬ふんをはかりで計量し，４試験区に配分した（表１）。混合物は撹拌後，試験区枠に設置した（写真２）。

表１　試験区と混合内容

試験区	混合内容
試験区１	落葉18kg＋水７ℓ
試験区２	落葉９kg＋米ぬか９kg＋水７ℓ
試験区３	落葉９kg＋米ぬか９kg＋馬ふん９kg＋水７ℓ
試験区４	落葉９kg＋米ぬか９kg＋馬ふん９kg＋土着菌0.5kg(ジャガイモに採取)＋水７ℓ

写真１　里山での落葉集め

写真２　試験区の設定

3．生成した堆肥の評価

3.1　堆肥化過程における分析

各試験区で堆肥化試験を開始した４日目に，試験区１を除いた試験区においてカビの発生を観察することができた。これは，落葉，米ぬか，馬ふん，土着菌を資材とした相互作用の結果，堆肥化が進んだことを意味する。すべての試験区の分解が終了するまでの日数は，37日程度であった。その過程では，必要に応じて切り返しと注水を行った。堆肥の完成は，室温と堆肥化による温度が同調し，温度が上昇しなくなったことで判断した。また，試験区２において最高温度62℃を記録し，早い時期から発熱することが観察された。落葉のみの試験区１では堆肥化による発熱は認められなかった（図１）。堆肥生成後，堆肥は乾燥状態で保管した。

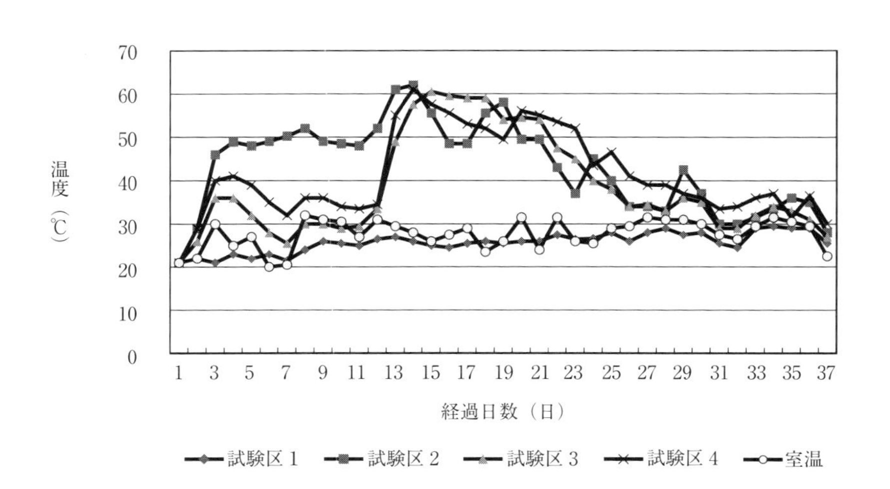

図１　堆肥化過程における温度変化

3.2　堆肥の評価

3.2.1　発芽・発根試験

試験方法：各試験区で生成された堆肥を乾燥機において乾燥させ，各堆肥10gから抽出液を取り出し，小松菜の種50粒をシャーレに設置した[7]。熱水抽出法を用いて堆肥に含まれる成分を抽出した。小松菜は，発芽・発根試験及び生育試験において簡単，便利，再現性などの利点から一般的に利用されている。ふたをして20℃に設定した温度調整器に保管した。対象区として蒸留水の試験区を設けた。発芽・発根試験の結果では，経過日数と発芽及び発根数を計測した。

試験日程：2007年１月30日～２月５日。

試験結果：発芽は測定２日目から，発根は測定初日から認められた（写真３）。発芽においては，３日後ほぼすべての試験区において40以上の発芽があり，発根においては２日後にはすべての試験区において40以上の発根が認められる（図２，３）。また発根数，発芽数ともに各試験区において有意差は認められなかった。つまり，本章において生成した堆肥は，発芽，発根を抑制する効果はないことが明らかとなった。

3.2.2　生育試験

試験方法：各試験区で生成された堆肥と市販育苗土を用いて，市販育苗土に対する堆肥の比率を25％及び50％にして生育試験のために各試験区を設定した。市販育苗土壌はトヨコード（東洋商事）を使用した。土壌3.5kg中に，窒素，リン酸，カリウムをそれぞれ７g含む。試験用作物は小松菜を使用した。各試験区４つのポットを準備し，間引きしながら３つの株を成長させた（写真４）。分析のために各ポット１株の草丈（葉身長＋葉柄長），葉身長，葉柄長，最大根長，葉身の重さ，葉柄の重さ，根の重さを測定し，平均値をもとめて，各試験区の有意差検定[8]を実施した

試験日程：2006年11月24日種まき，11月29日発芽，12月３日間引き，

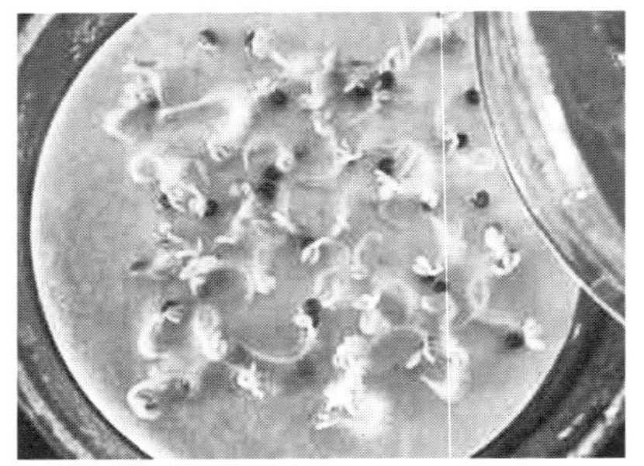

写真３　発芽及び発根の様子

写真４　小松菜生育の様子

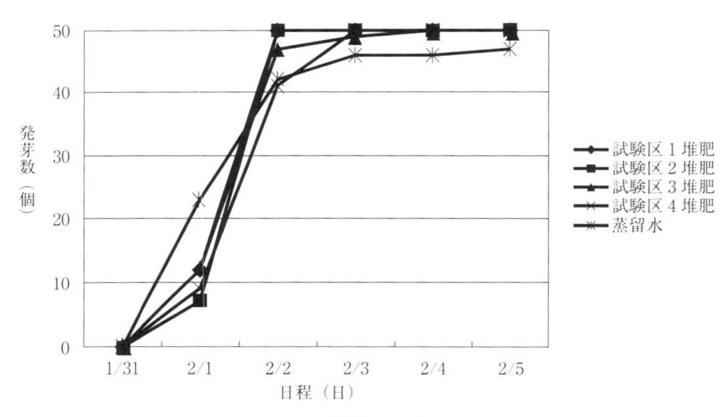

図２　発芽数と日程

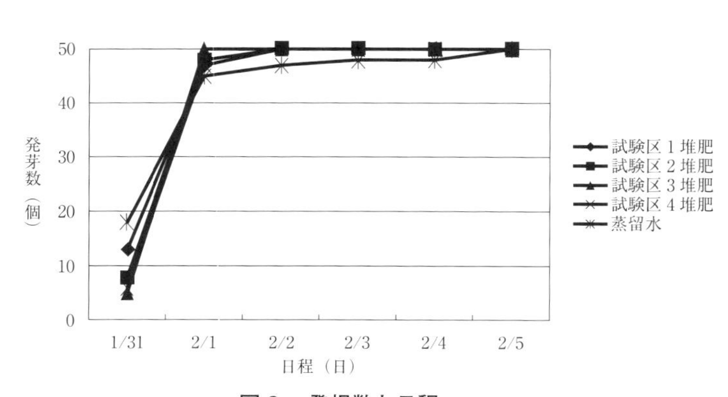

図３　発根数と日程

2007年１月15日測定。

試験結果：すべての堆肥は，市販育苗土壌区よりも小松菜の生育に効果があることが認められた（表２，３）。特に試験区４（50%）は，他の堆肥よりも地上部の大きさ及び重量に対して有意に生育効果のあることが認められた。根の長さでは試験区２（25%），根の重さでは試験区１の堆肥が生育効果を果たしている。試験区２は，堆肥生成過程において発熱が早い時期から観察されたが，成育効果についてはあまり認められなかった。

小松菜の作物栽培では，食用として地上部の生育が重要であるため，本章

表２　発芽試験結果（長さ）

	試験区及び堆肥の比率	草丈(cm)	判定	葉身長(cm)	判定	葉柄長(cm)	判定	最大根長(cm)	判定
	試験区１(50%)	166.5 ± 5.8	bc	74.5 ± 2.6	abc	70.3 ± 3.1	b	261.5 ± 46.6	ab
	試験区１(25%)	146.5 ± 4.3	c	66.8 ± 2.7	cd	66.5 ± 1.2	bc	257.3 ± 28.2	ab
	試験区２(50%)	125.3 ± 8.4	d	59.3 ± 3.9	d	52.5 ± 6.1	cd	132.5 ± 19.4	c
	試験区２(25%)	157.3 ± 2.4	c	71.0 ± 2.1	bc	71.8 ± 2.3	b	289.5 ± 14.9	a
	試験区３(50%)	160.0 ± 6.3	c	77.3 ± 1.7	abc	73.0 ± 1.9	b	199.3 ± 13.6	abc
	試験区３(25%)	187.8 ± 3.1	ab	83.0 ± 3.1	ab	91.8 ± 0.8	a	226.5 ± 28.7	abc
	試験区４(50%)	194.0 ± 8.1	a	88.5 ± 5.4	a	95.0 ± 4.5	a	265.5 ± 43.9	ab
	試験区４(25%)	169.5 ± 5.7	bc	79.8 ± 6.3	abc	76.3 ± 1.7	b	254.3 ± 37.8	ab
	市販育苗土壌	95.3 ± 5.8	e	45.0 ± 4.3	e	38.3 ± 4.2	d	162.8 ± 13.4	bc
LSD	(0.01)	23.0		15.1		13.0		117.6	

平均値±標準誤差（n=４）
調査日2007/１/15
＊同英文字を含まない場合には１％水準で有意差あり。

表３　発芽試験結果（重さ）

	試験区及び堆肥の比率	葉身(g)	判定	葉柄(g)	判定	根(g)	判定
	試験区１(50%)	0.741 ± 0.030	b	0.329 ± 0.020	abc	0.149 ± 0.017	a
	試験区１(25%)	0.600 ± 0.026	c	0.240 ± 0.004	bcd	0.144 ± 0.026	a
	試験区２(50%)	0.349 ± 0.034	d	0.189 ± 0.021	cd	0.032 ± 0.003	b
	試験区２(25%)	0.697 ± 0.054	bc	0.311 ± 0.033	abc	0.083 ± 0.010	b
	試験区３(50%)	0.656 ± 0.030	bc	0.338 ± 0.012	abc	0.072 ± 0.013	b
	試験区３(25%)	0.757 ± 0.017	b	0.417 ± 0.010	abc	0.088 ± 0.005	b
	試験区４(50%)	0.990 ± 0.128	a	0.536 ± 0.073	a	0.093 ± 0.008	ab
	試験区４(25%)	0.728 ± 0.101	bc	0.343 ± 0.045	abc	0.073 ± 0.008	b
	市販育苗土壌	0.245 ± 0.033	d	0.066 ± 0.013	d	0.122 ± 0.023	ab
LSD	(0.01)	0.129		0.243		0.057	

平均値±標準誤差（n=４）
調査日2007/１/15
＊同英文字を含まない場合には１％水準で有意差あり。

の結果から里山の落葉を利用した堆肥には米ぬか，馬ふん，土着菌を混合することが，作物の生育に有効な効果のあることが明らかとなった。

4．教材としての可能性

以上は環境教育教材という視点で堆肥化の過程を検討したが，ここではその教材としての可能性について検討する。今回の堆肥化試験は，大学生の教材として実施した。この学習過程は，落葉集め，その他資材収集，試験区の設置，温度変化記録，堆肥の評価であった。この過程を学習過程として想定することで，本堆肥化試験は環境教育の教材として活用可能であることが推測される。落葉集めのために荒廃した二次林に立ち入ることでも，これらすべての学習過程が里山を利用することにつながり，手間暇はかかるが，環境保全につながることを理解することができる。その他資材収集においても，市販の活性化菌を利用することもできるが，土着菌を用いることでより自然環境に配慮した方法について学習することが可能である。試験区の設置では，設置枠を木材や自分たちで加工可能な材料を利用して作成することもできる。温度変化記録では，菌が堆肥化を進めていることを実際に観察することができる。堆肥の評価では，自分たちで作成した堆肥を利用して作物を栽

表４　堆肥化試験の学習過程

本堆肥化試験の過程	内容	想定時間
導入	作物栽培と堆肥について	50分×１回
落葉集め	用具の準備，保管場所の設定など	50分×４回
その他資材収集	馬ふん，米ぬか，活性化菌の収集など	50分×２回
試験区の設置	試験区枠の作成，資材の撹拌など	50分×４回
温度変化記録	温度変化の記録，注水・撹拌など	毎週３回を１ヵ月，１回10分程度
堆肥の評価	生育試験，発芽試験など	50分×４回
堆肥の利用	作物栽培	50分×２回，水やりなどの世話
まとめ	環境及び体験学習の振り返り	50分×１回
		おおよそ20単位時間

培することで，生育効果について学習することができる。

学校教育における対象教科としては，小・中学校における「総合的な学習の時間」，中学校の技術・家庭科を想定することができる。「総合的な学習の時間」のねらい，中学校技術・家庭科の内容において，体験的な学習，環境，作物の栽培などがキーワードとして取り上げられている[9),10)]。本章の結果から学校教育における堆肥試験の学習過程を表４のように提案することができる。今回検討した堆肥化の過程は，環境教育の教材として有益な資料になりうると考えられる。今後は，学校教育における教育実践についても検討する。

参考文献

1）竹内和彦，鷲谷いずみ，恒川篤史編：里山の環境学，東京大学出版会，p.257，(2001)
2）環境省：新生物多様性国家戦略，ぎょうせい，p.315，(2002)
3）佐島群巳：環境教育入門，国土社，pp.135-139，(2000)
4）向山玉雄：有機農業の作物作り，総合的な学習の実践：環境教育の考え方・進め方，奥田眞丈（監修），教育開発研究所，pp.197-198，(1997)
5）小林宏己：自然農法のひみつ，総合的な学習の実践：環境教育の考え方・進め方，奥田眞丈（監修），教育開発研究所，pp.199-200，(1997)
6）D.L. マーチン，G. ガーシャニー，岩田進午・佐原みどり訳：家庭でできる堆肥づくり百科，家の光協会，(2004)
7）藤原俊六郎：良い堆肥生産のポイント（３）：堆肥の腐熟度の評価法，http://jlia.lin.go.jp/cali/manage/123/s-semina/123ss２.htm，閲覧日2006.7.28.
8）藤巻宏：生物統計解析と実験計画，養賢堂，(2002)
9）文部省：中学校学習指導要領，pp.3-5，pp.80-81，(1998)
10）文部省：小学校学習指導要領解説，pp.42-55，(1999)

第６章　ものづくり学習の集中状態に関する基礎的研究

１．はじめに

子どもは粘土やブロックなどに興味を持ち，夢中になって遊ぶことがある。時間を気にせず，「粘土で怪獣をつくる」，「ブロックで飛行機をつくる」ことを純粋に楽しみ，その完成に向けて黙々と自分の作業を進める。大人も同様に仕事や遊びに没頭することがある。このように何かに夢中になって活動を遂行しているときは，非常に楽しい時間を過ごしていると言える。フローという概念がこのような状況を説明できる。フローとは精力的に集中している感覚で，その状態自体が非常に楽しく，純粋にそれをするということのために多くの時間や労力を費やすことであると考えられている[1)]。

一方では，与えられた課題，生活の中で発生する問題に取り組まなければならない場面もある。いわゆる，問題解決である。粘り強く学習課題を解決する生徒もいれば，注意散漫で学習課題に集中できない生徒もいる。このような状況は年々深刻化しているように感じる。物事を楽しく，あるいは粘り強く取り組む能力の一つとして，集中力が挙げられる。先に示したフロー状態においても，ある活動に従事する人が，それに深く集中し探求する機会を持つ必要があると指摘されている[2)]。また，斎藤[3)]は，「集中力のある子は勉強も遊びもよくでき，集中力のない子は何をやっても中途半端で根気が続きません」とし，集中力を生む「学ぶ構え」を育成する必要があると指摘している。北尾ら[4)]は，自己教育力の「主体的思考」と「集中力」の２つの特性が比較的多くの教科にわたって学力の規定性が強いことを報告している。集中力を高めることは，積極的に物事を受け入れ，自己教育力を育成する一助となる。さらに，山下[5]は，注意の集中と持続性の関係を明らかにし，より高次の集中力を促進するポイントを教示している。集中力は，適切な学習指導によってより高次に発達することができる。以上のことより，物事を楽しみ，解決すべき問題には粘り強く取り組むために主要な能力と考えられる集中力に着目した。

小野瀬[6]は，子どもの粘り強さの欠如傾向について「①物質的に豊かで便利な生活環境」，「②少子化に伴う過保護・過干渉」，「③耐性を支える体力・運動能力の低下」といった粘り強さの欠如を生む社会背景について指摘している。本章は，このような社会背景に対して，ものづくり学習の視点から知見を得るものでもある。

集中力の概念は，「他のことに注意を奪われることなく，ある活動の遂行に没頭することができる能力」とされている[7]。本章では，上記定義の「ある活動の遂行」をものづくり学習の作業の遂行と捉えた。そして，「没頭することができる能力」をものづくり学習の集中力とした。さらに，その集中力が持続している状態を，ものづくり学習における作業中の集中状態と定義した。

中学校技術科・家庭科（以下，技術科）のものづくり学習に関する先行研究を見ると，魚住・宮川[8]によれば，木材加工の製作実習前と後では，自己教育に関わる自主性，集中力，及び持続性は男子・女子生徒ともに増加し，製作実習前と後それぞれの構成要素で，高い値を男子が示したとある。つまり，製作実習はこれらの構成要素を形成するのに効果があること，男子は女子よりも集中力や持続性のあることを示唆している。また，岳野・守田[9]は，技術科の木材加工を通した環境教育に関する授業実践を実施し，環境保全やものづくりに関する意識について研究を行っている。この研究において，中学生の意識の向上には集中力が有効に影響することが明らかとなっている。

以上の研究から，自己教育力の育成や環境教育やものづくりに対する意識の形成のために，集中力を養う学習機会の提供が期待されている。しかし，生徒の集中状態に関する意識構造について，ものづくり学習という視点から深く追求した研究報告は少ない。

そこで，本章は技術科のものづくり学習に着目し，集中力に関する基礎的知見を得ることを目的とした。特に，ものづくり作業中における生徒の集中状態を明らかにする。

2．研究方法

2.1　調査票の作成

ものづくり学習の作業中における集中状態を明らかにするために，意識調査票を作成した。

木材加工の学習経験を有する石川県内の中学生，計102名を対象に自由記述によって意見を求めた。自由記述は，「あなたはこれまでに，いろいろなものづくりをしてきたと思います。そこで，今から，ものづくりしているときのことを考え，10分間であなたが思う『集中力』について書いて下さい。」とした。自由記述の回答から，42の質問項目を作成した。作成した質問項目は教職経験10年以上の技術科担当教師３名に内容の妥当性について検討を依頼した。

さらに，この質問項目を用いて，中学生103名（有効回答76名）を対象に予備調査を実施した。予備調査では，質問項目の信頼性について検討するためG-P 分析，項目－全体相関分析による項目分析を実施した。信頼性，妥当性について検討した結果，36項目を本調査の質問項目として採択した。

調査票は，４件法の回答で求め，集計では肯定的な回答から４点，３点，２点，１点，と得点化した。

2.2　本調査の実施状況

調査時期：2008年７月。

調査対象：石川県内中学校２校の１年生453名（有効回答336名 男子171名 女子165名）。

調査方法：対象者は技術科のものづくり学習の授業後，ものづくり学習の集中状態に関する意識調査票に回答した。対象者は木材加工に関わるものづくりを履修中であった。調査の回答は，成績には関係ないことを伝え，15分程度で実施した。

３．調査結果及び考察

3.1　本調査の信頼性の検討

本調査の項目分析のため G-P 分析，項目－全体相関分析を行った。その結果，項目の除外は認められなかった。また，Cronbach の α 係数は0.93となり，調査の信頼性を確認した。ものづくり作業中の生徒の集中状態に関する調査は，先行研究を見る限りあまり存在しない。したがって，本章で作成した調査票は，ものづくり作業中に生徒はどのような集中状態で製作しているかについて把握する有効な資料になると考えられる。

3.2　ものづくり学習における集中状態の意識構造

ものづくり学習における集中状態の意識構造を明らかにするために，本調査の36項目について主因子法，Varimax 回転による因子分析を行った。計算には，Windows 版エクセル統計2008を用いた。因子は固有値が２以上のものを採用し，表１に示す３因子を抽出した。各因子の解釈には帰属する因子に対する因子負荷量が.400以上の項目の内容を参照した。

第１因子は「作業に真剣に向き合っている」,「慎重に作業を行っている」などの項目の因子負荷量が高かった。これらはものづくり学習において，製作している作品に向かって作業する集中状態であると捉えることができる。このことから，第１因子を「作業に対する集中状態」とした。

第２因子は「これからおこるであろうことを頭の中に思い描いている」,

表１　因子分析の結果

	質問項目	第1因子	第2因子	第3因子	共通性
作業に対する集中状態	12．集中しているときは，作業に真剣に向き合っている	0.752	0.264	0.114	0.649
	6．集中しているときは，真剣に取り組んでいる	0.704	0.187	0.139	0.550
	23．集中しているときは，ふざけずにしている	0.649	0.098	0.159	0.457
	15．集中しているときは，作業をしっかりし続けている	0.639	0.215	0.157	0.479
	36．集中しているときは，ていねいにものをつくっている	0.625	0.309	-0.177	0.517
	13．集中しているときは，慎重に作業を行っている	0.622	0.364	-0.034	0.520
	14．集中しているときは，静かにしている	0.592	-0.112	0.409	0.530
	2．集中しているときは，ある一つのことに夢中になっている	0.580	0.247	0.390	0.549
	34．集中しているときは，作業に力をそそいでいる	0.541	0.331	0.278	0.479
	22．集中しているときは，油断していない	0.529	0.385	0.048	0.430
	21．集中しているときは，一つの事に対して好奇心をもっている	0.504	0.435	0.224	0.494
	5．集中しているときは，本当にその行為を楽しんでいる	0.479	0.352	0.272	0.427
思考活動に対する集中状態	27．集中しているときは，これからおこるであろうことを頭の中に思い描いている	0.047	0.666	0.169	0.474
	29．集中しているときは，気を配っている	0.192	0.657	-0.028	0.469
	18．集中しているときは，感覚が鋭くなっている	0.224	0.614	0.126	0.444
	16．集中しているときは，完成をイメージしている	0.164	0.614	0.086	0.411
	26．集中しているときは，一つのものに対して深く思いつめている	0.314	0.587	0.244	0.503
	30．集中しているときは，神経が研ぎ澄まされている	0.169	0.554	0.303	0.428
	8．集中しているときは，繰り返し作業している	0.196	0.508	0.292	0.382
	20．集中しているときは，広がり散る意識を自分でコントロールしている	0.177	0.492	0.145	0.294
	35．集中しているときは，気分が高ぶっている	0.163	0.431	0.309	0.308
	7．集中しているときは，手の感覚で作業している	0.197	0.425	0.311	0.316
	28．集中しているときは，作業を早く進めている	0.231	0.420	0.135	0.248
フロー集中状態	19．集中しているときは，自分がしていることしか見えていない	0.130	0.179	0.649	0.471
	4．集中しているときは，思っていることしかできなくなる	0.036	0.259	0.633	0.469
	3．集中しているときは，話しかけられても気付かない	0.137	0.246	0.583	0.419
	9．集中しているときは，感情がなくなっている	-0.088	0.314	0.583	0.446
	32．集中しているときは，何も言わずに自分と向き合っている	0.357	0.164	0.573	0.482
	1．集中しているときは，何も考えず作業している	0.126	0.132	0.523	0.307
	31．集中しているときは，自分の状態が気にならない	0.073	0.018	0.478	0.234
	10．集中しているときは，汗が出ている	0.116	0.256	0.178	0.111
	11．集中しているときは，一つの作業を完璧に近い状態で行っている	0.461	0.450	0.222	0.465
	17．集中しているときは，いいものをつくろうとしている	0.479	0.439	-0.049	0.425
	24．集中しているときは，時間を忘れるくらい熱中している	0.476	0.174	0.476	0.483
	25．集中しているときは，一人で黙って作業している	0.491	-0.035	0.514	0.507
	33．（ダミー）集中しているときは，一つのことに一生懸命になっている	0.634	0.277	0.351	0.601
因子寄与		6.361	5.228	4.187	15.777
因子寄与率(%)		17.670	14.523	11.631	43.824

「完成をイメージしている」などの項目の因子負荷量が高かった。これらは，ものづくり学習において，作品を完成させるために考えを巡らしている集中状態であると捉えることができる。このことから，第２因子を「思考活動に対する集中状態」とした。

第3因子は「自分がしていることしか見えていない」,「思っていることしかできなくなる」などの項目の因子負荷量が高かった。これらは，ものづくり学習において，意識の焦点を狭くしていく集中状態であると捉えることができる。このことから，第3因子を「フロー集中状態」とした。

また，抽出した3因子の内容は，他の研究においてもその存在が確認できる。例えば，集中力には，図1に示す集中のベクトルと範囲の分類がある[10]。外的集中とは集中のベクトルが外に向く集中であり，内的集中は心の内側に向く集中である。一点集中は一つの小さな点に焦点を当てる集中，分散集中は一点から範囲を広げてより広範囲に焦点を当てる集中を言う。

第1因子「作業に対する集中状態」は，1つの作業に集中する様子から高畑[10]が提示した「外的一点集中」に類似している。また，宇野ら[11]の抽出した「製作学習における達成因子」,「製作学習における基本的な行動因子」と関連している。

第2因子「思考活動に対する集中状態」は，1つのことに収束してイメージすることや，拡散させて推論する様子から高畑[10]が提示した「内的・一点集中」,「内的・分散集中」と類似している。

第3因子「フロー集中状態」は，フロー状態の時間の感覚がなくなる様子に近い。また，魚住・宮川[8]が提示した「集中力」構成要素の「まわりがさわがしくても，学習（実習）に集中することができます」や，岳野・守田[9]が提示した「集中力」項目の「周りの音や話し声が気になった」，山下[6]の「集中しすぎれば視野狭窄」との関連性が認められる。集中状態の利点ばかりでなく，集中しすぎることの

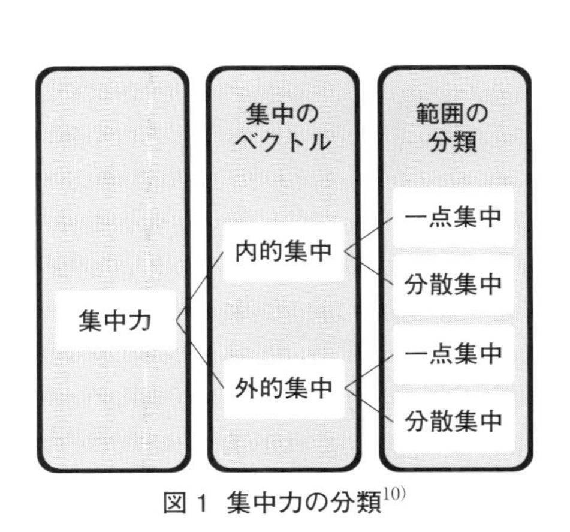

図1　集中力の分類[10]

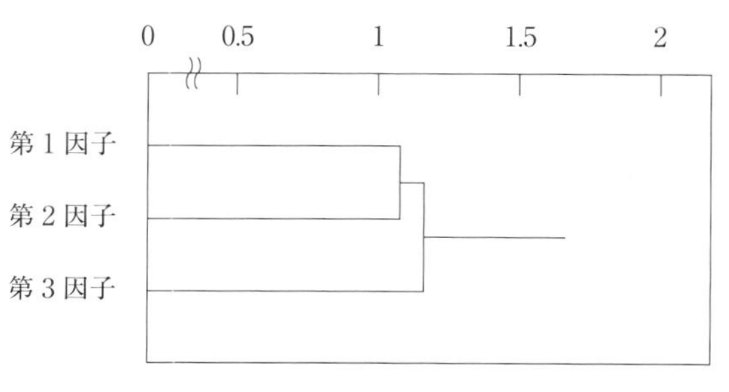

図２　因子間の階層構造

弊害も指摘されている。

さらに，各因子間の相互関係を調べるために，因子分析により得られた各項目の因子負荷量を距離得点とし，標準化した後，Ward 法によるクラスター分析を行った（図２）。因子間の階層構造をみると，まず，第１因子と第２因子がクラスターを形成している。このクラスターには，第３因子が結合している。したがって，生徒は，第１因子「作業に対する集中状態」と第２因子「思考活動に対する集中状態」とを近い関係として捉えている。このことから，製作している作品に向かって作業する集中状態，及び作品を完成させるために考えを巡らす集中状態を結びつけて活動する生徒の姿がうかがえる。また，ものづくり作業中において生徒は「作業に対する集中状態」や「思考活動に対する集中状態」を維持することにより，「フロー集中状態」に入ることも推察される。

3.3　集中状態に対する生徒の意識の差

因子分析の結果，抽出した３因子を指標にして，集中状態に対する生徒の意識の差について分析し，その傾向を探る。

意識調査の結果を性別における平均値と標準偏差として表２に示す。また各因子の性別における意識得点を図３に示す。得られたデータについて，性

表２　意識調査の結果

	生徒数(名)	平均値	標準偏差
男子	171	33.070	5.939
女子	165	31.303	5.308

表３　分散分析表

要因	平方和	df	平均平方	F比	p値
性別	87.438	1	87.438	14.378	**
因子	2875.471	2	1437.735	236.422	**
性別×因子	6.466	2	3.233	0.532	n.s.
誤差	6093.399	1002	6.081		
全体	9062.774	1007			

**：p<.01，n.s.：有意差なし

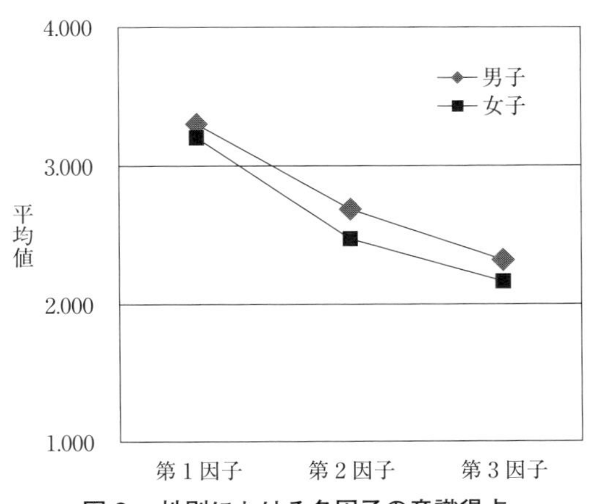

図３　性別における各因子の意識得点

別と因子の二元配置分散分析を行った。分散分析の結果，表３に示すように性別と因子の主効果は，１％水準で有意差が認められた。

性別に有意差のあることから，男子の方が女子よりも意識調査の平均値が高く，ものづくり作業中の集中状態を維持する傾向のあることが明らかとなった。これは，魚住・宮川[9]の先行研究の結果，すなわち，木材加工領域の製作実習前後において，男子の方が女子より集中力や持続性が高いという結果と類似する。

また，因子の要因についてLSD法に基づく多重比較を行った結果，第1因子「作業に対する集中状態」，第2因子「思考活動に対する集中状態」，第3因子「フロー集中状態」の順で平均値が有意に高い（Mse=.280，$p<.05$）。この結果，性別に関わらず生徒は第3因子「フロー集中状態」よりも，第1因子「作業に対する集中状態」を意識しやすいことが明らかとなった。

さらに，各因子と性別の関係性を確認するために，各因子間の有意差検定を実施した（表4）。第2因子「思考活動に対する集中状態」における性別の有意差が明確に示された。つまり，女子は，ものづくり学習の思考を伴う作業内容については，集中が困難であることが示唆される。

3.4　ものづくり学習における集中状態と学習指導の検討

本章の分析結果から得られた基礎的知見を学習指導に展開し，考察を試みた。

本章では，3因子を抽出し，第1因子「作業に対する集中状態」は意識しやすく，第2因子「思考活動に対する集中状態」，第3因子「フロー集中状態」は意識することがややむずかしい結果となった。つまり，第1因子「作

表4　各因子に対する男女間の意識差

		第1因子	第2因子	第3因子
男子（171名）	平均値	3.295	2.674	2.298
	標準偏差	2.408	2.587	2.700
女子（165名）	平均値	3.198	2.462	2.165
	標準偏差	2.284	2.324	2.411
有意差検定		t=1.509 n.s.	t=3.152**	t=1.902 †

†：$p<.10$，**：$p<.01$，n.s.：有意差なし

業に対する集中状態」は，作業を伴う具体的な対象があるものであり，その他の因子は，対象を見ることができない。発達心理学者のピアジェ[12]は，具体的操作段階から形式的操作段階へと発達することを明らかにしている。つまり，集中状態へ生徒を導くためには，手作業や目に見える活動からはじめることは，有効であることが推測できる。

また，技術科における生徒の活動としてのものづくり学習の展開は，動機，設計・計画，製作及び評価の4過程をたどる[13]。その過程において，抽象的な学習活動である設計・計画に対して生徒は非好意的であることが明らかとなっている[14]。この点からも，集中状態を適切に形成するためのものづくり学習の展開は，具体的な作業，簡易な導入教材からはじめることは有効であると指摘できる。

最後に，子どもが物事に集中できない原因は社会的背景にあると指摘されていた。しかし，ものづくり自体は，子どもにとって，興味深いものであることも，教育哲学者デューイ[15]によって指摘されている。フロー状態の楽しむ感覚について，本調査項目においても「夢中になっている」，「その行為を楽しんでいる」，「気分が高ぶっている」などの質問項目に認められる。ものづくりを純粋に楽しむことのできるフロー状態を妨げない学習指導は，今後の課題である。

4．まとめ

本章は，ものづくり学習における中学生の集中力に着目し，集中力に関する基礎的知見を得ることを目的とした。はじめに，ものづくり作業中の集中力の意識調査票を作成し，質問項目の信頼性・妥当性の検討を行った。次に，ものづくり学習の作業中における中学生の集中状態について以下のことを明らかにし，その意識構造について分析することを試みた。得られた結果は次のように整理される。

1）本調査の項目分析としてG-P分析，項目－全体相関を行った。その結果，項目の除外はなかった。Cronbach の α 係数は0.93となり，調査の信頼性が確認できた。

2）本調査の36項目について主因子法，Varimax 回転による因子分析を行った。因子分析の結果，第１因子「作業に対する集中状態」，第２因子「思考活動に対する集中状態」，第３因子「フロー集中状態」の３因子が抽出された。また，第１因子と第２因子の意識構造は近く，これらの集中状態を維持することにより，第３因子が構成されると推察できた。

3）男子の方が女子よりも，ものづくり作業中の集中状態を維持していることが明らかとなった。特に，第２因子「思考活動に対する集中状態」は性別による集中状態の意識差の存在を確認することができた。

参考文献

1）M．チクセントミハイ，今村浩明訳：フロー体験　喜びの現学，世界思想社，p.5，(2006)
2）前掲１)，pp.91-118，(2006)
3）齋藤孝：子どもの集中力を育てる，文藝春秋，pp.9-12，(2007)
4）北尾倫彦，杉村智子，垣崎聡美，鈴木徹：自己教育力の学力規定性とその評価に関する研究，大阪教育大学紀要第Ⅳ部門，Vol.38，No.2，pp.165-174，(1989)
5）山下富美代：集中力をどう伸ばすか，教育と医学，Vol.55，No.8，pp.4-11，(2007)
6）小野瀬雅人：集中と心理学，児童心理，Vol.60，No.4，289-298，(2006)
7）新版 学校教育辞典，教育出版，p.386，(2007)
8）魚住明生，宮川英俊：技術科教育における自己教育力の育成に関する研究「木材加工」領域の製作実習についての一考察，日本産業技術教育学会誌，Vol.35，No.3，pp.223-231，(1993)
9）岳野公人，守田弘道：木材加工を通した環境教育に関する授業実践，金沢大学人間社会学域学校教育学類附属教育実践支援センター教育実践研究，No.34，pp.43-48，(2008)
10）高畑好秀：集中力を高めるイメージトレーニング，教育と医学，Vol.55，No.8，

pp.32-39, (2007)
11) 宇野哲美, 松浦正史, 安東茂樹：中学校技術科の製作学習における生徒の情意的意識に関する尺度構成, 日本産業技術教育学会誌, Vol.40, No.2, pp.103-110, (1998)
12) 波多野完治：ピアジェの認識心理学, 国土社, (1983)
13) 日本産業技術教育学会：21世紀の技術教育：技術教育の理念と社会的役割とは何か　そのための教育課程の構造はどうあるべきか, 日本産業技術教育学会誌, Vol.41, No.3 付録, pp.5-7, (1999)
14) 岳野公人：ものづくりの計画に対する生徒の意識に関する研究, 日本産業技術教育学会誌, Vol.44, No.4, pp.11-22, (2002)
15) J.デューイ, 宮原誠一訳：学校と社会, 岩波文庫, (1993)

第７章　技術教育を学ぶ大学生の環境意識

１．はじめに

環境問題に対する社会的な関心から学校教育においても環境教育の推進が期待されている。また，教職員の資質向上のために，環境に対する見識や指導方法，授業の改善や充実につとめることが求められ，指導者側にも充実した指導が期待されている[1]。

環境教育の推進において，自然環境との関わりについて体験をもって学ぶことは，有効な方法であると考えられる。本章は，自然環境のなかでも，特に木材を加工する過程を体験することで，自然環境との関わりを持つものづくり学習について着目した。木材を用いたものづくり学習の機会を提供する教科は，中学校では，技術・家庭科技術分野，高等学校では，工芸の分野がある。

中学校技術・家庭科技術分野では，学習内容の「A 材料と加工に関する技術」において，材料の再資源化や廃棄物の発生抑制など，環境教育の内容を含んでいる[2]。また，材料と加工に関する技術は自然環境の保全に貢献していることを，中学生に理解させるように配慮すると解説されている。さらに，技術分野では，その発足以来，ものづくり学習を主軸とした体験的な学習を推進している。以上のことから，技術教育に関わる教員を志望する大学生のものづくり学習を通した環境意識についてその実態を明らかにすることは重要であると考えた。

また，高等学校の工芸では，学習内容「A 表現」において，自然や素材，身近な生活や自己の思いなどから心豊かな発想をすることを指導することが明記され，「自然」については動物や植物，風景，自然界にある形や色彩など，「素材」については木，金属，土，繊維などの材質感などが発想のきっかけになると考えられる。実際に自然をよく観察し，また，素材を見たり触れたりすることでその特性を感じ取る活動を通して，作品づくりのイメージを高めるとともに，自分を取り巻く生活を見つめ，夢や願いなどから必要なものやつくりたいものの思いを膨らませることが大切であると解説されている[3)]。環境教育の観点から樹木を加工して材料とする過程も含ませることで，自然と素材について，題材の一つとして木をテーマに学習することができる。

大学生の環境意識に関わる先行研究には以下のものがある。まず，大学生自身が環境教育についてどのような価値を持つか，あるいは，環境教育の講義において，大学生が何を学んだのかについて明らかにした研究が認められる。松本ら（2009）は，大学生にとって自然体験実習が環境教育としてどのように価値を持つかについてアンケート調査によって明らかにしている[4)]。その結果，自然体験が環境について新しい情報を得るきっかけになっていること，自然体験活動の経験は別の自然体験活動に参加する誘因にもなり得ること，我慢強くなったなどの精神面がポジティブに変容することなどを自然体験活動の意義として考察している。山本（2005）は，環境保全活動を推進するためには，環境に関わる様々な主体の個人個人の環境意識の向上が重要となると指摘し，大学生の環境意識と環境保全行動の実態を明らかにしている[5)]。環境意識については，環境への興味・関心，環境悪化に対する責任，将来の環境に対する責任・負担について調査を実施している。性差や国籍などの属性によって分析した結果，地球環境の悪化と自分たちの日常生活との関連性が十分に意識されていないことを示唆している。これらの研究成果から，大学生の環境意識には，地球環境の悪化と自分たちの日常生活との関連性が十分に意識されていない課題が示されるものの，自然体験活動を経験することで，様々な点で教育効果を示すことが明らかとなっており，環境教育の課題と今後の可能性を示している。

また，将来教員になった場合の児童生徒に対する影響力を考慮すると，教員養成に関わる大学は，どのような環境意識を持つかについて検討することは重要である。藤田と黒田（1993）は，教育大学生の環境問題に関する意識の実態を明らかにしている[6)]。その結果，科学技術によって，環境問題が克服できるという立場と，科学技術の発展と環境問題は相反する立場に大きく分かれることを明らかにしている。また，特に理科教育の視点から分析されている。

先行研究では，技術科教育や工芸教育の観点から大学生の環境意識を明らかにした研究は認められなかった。また，研究方法においては，研究者が準備した質問項目に対して被験者が回答しており，大学生の環境意識を客観的に分析することに一部課題を残していることが指摘できる。

以上のように，教職員の資質の向上のために環境に対する見識や指導力の向上が求められ，技術科教育や工芸教育においても環境教育の内容を含んでいること，先行研究においては技術科教育や工芸教育に関する資料が認められないこと，また，教員養成に関わる大学生の環境意識を明らかにすることの必要性から，本章を推進するにいたった。

そこで，本章は，ものづくりに関わる教員を志望する大学生の環境意識についてその実態を明らかにすることを目的とした。

2．研究方法

ものづくりに関わる教員を志望する大学生のものづくり学習を通した環境意識を明らかにするために，意識調査票の検討とものづくり体験による環境意識の変化について検討した。意識調査の質問項目は，先行研究や大学などのものづくりの教室における自由記述調査の回答を参考にして作成したものを使用した。さらに，木材を用いたものづくりを大学生に体験してもらい，その前後に作成した調査票を調査し，大学生の意識の変容を分析した。

2.1　意識調査票の作成

大学生の環境意識を捉えるための何らかの基準が必要となるが，本章では，先行研究において作成した意識調査票を利用した[7]。先行研究の意識調査票の作成においては，ものづくり学習の意義に含まれる環境意識[8]や大学などで開催されたものづくり教室[9),10]の自由記述の回答から，環境意識の項目を作成している。ここでのものづくりの主な題材は，自然木を利用したバターナイフやスプーンの製作であった。

対象者は，愛知県，岐阜県，京都府，石川県，及び滋賀県のものづくりに関わる教員を志望する大学生を対象とした。

先行研究[7]では，ものづくりに関わる教員を志望する大学生の環境意識を明らかにするために，項目分析の結果，弁別性の認められた41項目について主因子法，Varimax 回転による因子分析を行った。因子分析は，探索的に実施し，大学生の意識構造の把握を目的とした。最終的に，31項目の因子分析を実施し，５因子のまとまりが妥当であると判断した（表１）。

因子分析の結果をみると，第１因子は「ものづくりの経験を生かして，自分の行動を環境問題と結び付けたい」，「ものづくり活動は環境保全に対して何らかの意味がある」，「ものづくりを通して，環境問題について考えることができた」などの項目の固有値が高かった。これらはものづくりと環境問題や環境保全との関わりについて，解決行動，行動への変換を示す積極的な意識と捉えることができる。このことから，第１因子を「ものづくりを動因とした環境意識」と解釈している。

第２因子は「自分で花や野菜などを育ててみたい」，「植林活動をしてみたい」，「緑化活動や木の実の育成をしたい」などの項目の固有値が高かった。これらは緑化活動による環境意識への関わりと捉えることができる。このことから，第２因子を「植物育成による環境意識」と解釈している。

第３因子は「ものづくり活動から木工への興味関心が増した」，「もう一度木工作業をしてみたい」，「木目や肌触りについて観察することができた」などの項目の固有値が高かった。これらは木材加工への興味・関心と捉えることができる。このことから，第３因子を「木材加工への興味・関心」と解釈している。

第４因子は「資源の循環や環境について意識が高まったと考えた」，「資源の有効活用について考えた」などの項目の固有値が高かった。これらは，広く資源と環境問題や環境保全との関わりについての興味・関心を示す意識と

表１　因子分析の結果[7)]

	質問項目	因子1	因子2	因子3	因子4	因子5	共通性
50	ものづくりの経験をいかして，自分の行動を崩境問題と結び付けたい	0.765	0.124	0.048	0.055	0.163	0.632
46	ものづくり活動は崩境保全に対して何らかの意味がある	0.755	0.087	0.146	0.095	0.045	0.609
47	ものづくりを通して，崩境問題について考えることができた	0.705	0.009	0.119	0.177	0.151	0.565
52	この経験をいかして崩境問題を改善するための方法を考えることができる	0.698	-0.035	-0.010	0.155	0.173	0.542
40	自分の行動を崩境問題と結びつけて考えられるようになった	0.626	0.137	-0.212	0.371	0.010	0.593
45	自分が崩境に対して何ができるかを考えた	0.609	0.091	-0.026	0.256	0.139	0.465
26	周りの人にも崩境活動を広めていきたい	0.593	0.175	-0.006	0.333	-0.009	0.493
33	崩境への興味関心が増した	0.553	0.262	0.183	0.222	0.354	0.583
49	作業を通して，森や木を見る目が変ると思う	0.552	0.209	0.237	-0.061	-0.013	0.409
31	身の周りの崩境活動に参加してみたい	0.524	0.394	0.035	0.004	0.235	0.487
51	資源を有効に利≡田しようと思う	0.522	0.138	0.223	0.143	0.384	0.509
27	自然崩境についての歯解力が増した	0.496	0.150	0.056	0.227	0.075	0.329
32	ものづくりでは地域の崩境保全とものづくりの達成感を味わえる	0.492	0.144	0.194	-0.050	0.205	0.345
43	自分で花や野菜などを育ててみたい	0.007	0.724	0.143	0.162	0.074	0.577
11	植林活動をしてみたい	0.141	0.659	0.019	0.081	0.176	0.492
37	緑化活動や木の実の育成をしたい	0.124	0.651	0.079	0.116	0.232	0.513
19	動植書の併態など新たな発見や刺激を感じてみたい	0.257	0.589	0.252	0.155	0.060	0.503
18	実際に森の中に入ってみたい	0.173	0.551	0.149	0.166	0.146	0.405
20	ものづくり活動から木工への興味関心が増した	0.199	0.086	0.714	0.175	-0.063	0.591
24	もう一度木工作業をしてみたい	0.091	0.248	0.706	0.044	0.114	0.582
16	木目や肌触りについて観察することができた	0.017	0.058	0.521	-0.039	0.122	0.291
28	木の色，堅さ，大きさなどの知識について興味がわいた	0.251	0.310	0.467	0.243	-0.076	0.442
12	材料の姿の変化をイメージすることができた	-0.073	-0.005	0.412	0.253	0.138	0.258
8	資源の循崩や崩境に対する意識が高まったと考えた	0.341	0.141	0.057	0.583	0.185	0.514
6	資源の有効活≡田について考えた	0.205	0.151	0.107	0.515	0.140	0.361
44	テレビ酬組やインターネットなどを使≡田して情報を得たい	0.170	0.164	0.165	0.473	0.156	0.331
7	作業過程で出た木ヰなどを新たな材料へと利囲したい	0.172	0.244	0.308	0.452	0.009	0.388
4	無駄なものは買わないようにしようと考えた	0.190	0.065	0.038	0.074	0.592	0.398
2	割りばし，レジ袋などについて自分のものを使おうと考えた	0.165	0.203	0.026	-0.020	0.561	0.384
3	リサイクル商品について興味がわいた	0.104	0.195	0.030	0.332	0.558	0.472
13	自然の恩恵に授かって併活していることを再認識できた	0.113	0.146	0.192	0.190	0.434	0.295
	因子寄与	5.450	2.847	2.220	1.951	1.893	14.361
	因子寄与率（%）	17.581	9.183	7.163	6.293	6.105	46.325

捉えることができる。このことから，第４因子を「資源の有効利用に関する環境意識」と解釈している。

第５因子は「無駄なものは買わないようにしようと考えた」，「割りばし，レジ袋などについて自分のものを使おうと考えた」などの項目の固有値が高かった。これらは，日常生活における環境行動を示す積極的な意識と捉えることができる。このことから，第５因子を「日常生活における環境行動に関する意識」と解釈している。

以上のように，大学生の環境意識構造について検討した結果，因子分析によって５因子を抽出することができた。それらは，第１因子「ものづくりを動因とした環境意識」，第２因子「植物育成による環境意識」，第３因子「木材加工への興味・関心」，第４因子「資源の有効利用に関する環境意識」及び第５因子「日常生活における環境行動に関する意識」であった。また，これらの因子を利用して，より簡易に大学生の環境意識を調べるために，各因子より固有値の高い項目から４項目抜き出し，ものづくり体験による環境意識を分析するための調査票を作成した（表２）。

2.2　木材を用いたものづくりの体験

実践方法：180分の授業時数を使用し，指導計画を立て実践した（表３）。授業実践は，2014年11月～2015年１月の期間において実施した。

教育目標は，バターナイフなどの生活に利用するカトラリーの製作を通して，自然との関わりや環境保全への意識を高めるとした。指導内容は，「薪割り」において，滋賀大学構内の雑木林整備の際に排出されたクリ，コナラなどの丸太を材料として製材した（写真１，写真２）。「はじめに」において，森林環境の保全の必要性と有効利用について説明した。

作業内容は，バターナイフなどの「デザイン決め」を行い，その後「けがき」，「切断」，「切削」，「研磨」，及び「塗装」と展開した。

実践対象者：技術科教員志望の大学生15名及び工芸を学ぶ大学生２名で，

表２　環境意識調査票20項目

この調査は，ものづくりと環境について，みなさんの考えを検討するものです。質問の回答は例を参考に，「５：そう思う」……「１：そう思わない」を１つ選び，数字に○印をつけてください。回答は成績には関係しません。なお，結果は学術的な目的以外に使用しません。	そう思う	やや思う	ふつう	あまりそう思わない	そう思わない
例：環境保全に興味がある	5	④	3	2	1
1　ものづくりの経験をいかして，自分の行動を環境問題と結び付けたい	5	4	3	2	1
2　自分で花や野菜などを育ててみたい	5	4	3	2	1
3　ものづくり活動から木工への興味関心が増した	5	4	3	2	1
4　資源の循環や環境に対する意識が高まったと考えた	5	4	3	2	1
5　無駄なものは買わないようにしようと考えた	5	4	3	2	1
6　割りばし，レジ袋などについて自分のものを使おうと考えた	5	4	3	2	1
7　資源の有効活用について考えた	5	4	3	2	1
8　もう一度木工作業をしてみたい	5	4	3	2	1
9　植林活動をしてみたい	5	4	3	2	1
10　ものづくり活動は環境保全に対して何らかの意味がある	5	4	3	2	1
11　ものづくりを通して，環境問題について考えることができた	5	4	3	2	1
12　緑化活動や木の実の育成をしたい	5	4	3	2	1
13　木目や肌触りについて観察することができた	5	4	3	2	1
14　テレビ番組やインターネットなどを使用して情報を得たい	5	4	3	2	1
15　リサイクル商品について興味がわいた	5	4	3	2	1
16　自然の恩恵に授かって生活していることを再認識できた	5	4	3	2	1
17　作業過程で出た木片などを新たな材料へと利用したい	5	4	3	2	1
18　木の色，堅さ，大きさなどの知識について興味がわいた	5	4	3	2	1
19　動植物の生態など新たな発見や刺激を感じてみたい	5	4	3	2	1
20　この経験をいかして環境問題を改善するための方法を考えることができる	5	4	3	2	1

計17名であった。実践は９名，６名，２名のグループに分かれ作業を実施した。

題材：バターナイフやスプーンなど生活で使用するための道具を作成することとした。

分析方法：作成した意識調査票を用いて調査を行い，学習者の意識について検討した。ここで使用した調査票は，因子分析の結果得られた５因子に対し，因子負荷量の高い項目から各４項目を採用し20項目の調査を実施した。回答時間は５分程度であった。調査は５件法の回答で求め，集計では肯定的な回答から５点，４点，３点，２点，１点と得点化した。

表３　指導計画

工程	指導内容	時間(分)
はじめに	自然環境と木材の利用について説明する。	15
薪割り	丸太を手斧で必要な大きさに製材する。	40
デザイン	バターナイフのデザインを考え，用紙に描く。	5
けがき	デザインを材料に描く。	5
切断	バンドソーで材料の不要な部分を切断する。	20
切削	小刀で材料を削る。	40
研磨	サンドペーパー（120，240番）でバターナイフを仕上げる。	40
塗装	クルミを使ってバターナイフの塗装をする。	5
掃除	使用した工具，削りくずを片付ける。	10
	計	180

写真１　学内で伐採される樹木(コナラ)

写真２　製材した樹木(クリ・コナラ)

３．結果及び考察

木材を用いたものづくりを大学生に体験してもらい，その前後に作成した調査票を用いて実施し，大学生の意識の変容について分析した。体験の内容は，表３に示したものである。

ものづくり体験の様子を写真３から写真７に示す。作業工程は，薪割り，デザイン，けがき，切断，切削，研磨，塗装であった。薪割りは，普段経験する機会の少ない作業である。しかし本授業実践では，樹木の切断，薪割りから作業をはじめることで，より樹木を身近に感じてもらうことも目標とした（写真３，４）。また，作業時間を短縮するために，のこぎりの代わりに小型機械（帯のこ盤）を利用した（写真５）。切削は小刀，研磨は金ヤスリ（写真

写真３　伐採材の切断

写真４　薪割り

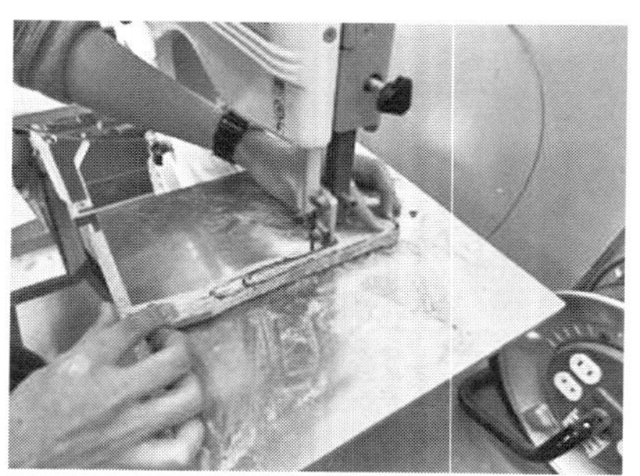

写真５　成形の様子（帯のこ盤）

写真６　成形の様子（金ヤスリ）

写真７　作品例

表４　授業実践前後の環境意識得点

	授業前	授業後
N	17	17
平均	72.88	85.12
SD	11.21	6.67

６）などの手工具を使用した。塗装は，くるみの実をすり潰してオイル仕上げとした。バターナイフの作品例は写真７に示すようなものである。

以上のものづくり体験の授業実践によって大学生の環境意識はどのように変容するのか，作成した調査票を用いて検討した。授業実践前後に，因子分析の結果得られた５因子に対し，因子負荷量の高い項目から各４項目を採用し20項目の調査票を実施した。回答時間は５分程度であった。その結果，17名の大学生の環境意識得点は，授業実践前後において表４のようになった。

t 検定により，授業実践前後の環境意識得点について，平均値の有意差検定を実施した。その結果，１％水準において有意差が認められた（$t(32)=3.75$, $p<.01$）。この結果より，17名の大学生は，ものづくり体験によって環境意識が向上したことが認められる。つまり，本章で授業実践した木材を利用したものづくり体験によって大学生の環境意識は好意的に変容したことが明らかとなった。

さらに，この調査票に含まれる環境意識の５因子の影響を考察するために，各因子の環境意識得点を算出し（表５），因子と授業前後による２要因の分散分析[11)]を実施した（表６）。また，図１は，環境意識得点を図示したものである。なお，分散分析には，IBM SPSS Statistics22を使用した。

分散分析の結果，授業前後の主効果において１％水準で有意差が認められた。また，因子の主効果において５％で有意差が認められた。因子要因においては，多重比較による分析を実施した結果（MSe=18.08，５％水準），第３因子が他の因子より，有意に高いことが明らかとなった（表７）。

平均値の有意差検定と同様に，授業前後において大学生の環境意識は好意的に変容していることが確認できた。また，ものづくり体験によって，第３因子「木材加工への興味・関心」が，他の因子と比較して有意に形成されていることも明らかとなった。木材を利用したものづくりであるため，第３因子「木材加工への興味・関心」が有意に形成されることは当然であるが，授業前後の主効果も有意であったことから，ものづくりを通して環境意識全般

表５　授業実践後の環境意識における因子得点

	授業前					授業後				
	因子１	因子２	因子３	因子４	因子５	因子１	因子２	因子３	因子４	因子５
N	17	17	17	17	17	17	17	17	17	17
平均値	14.76	13.76	14.82	14.94	14.59	16.59	16.29	19.12	16.35	16.76
SD	2.46	3.35	3.57	2.79	2.90	2.58	1.93	1.17	1.84	2.17

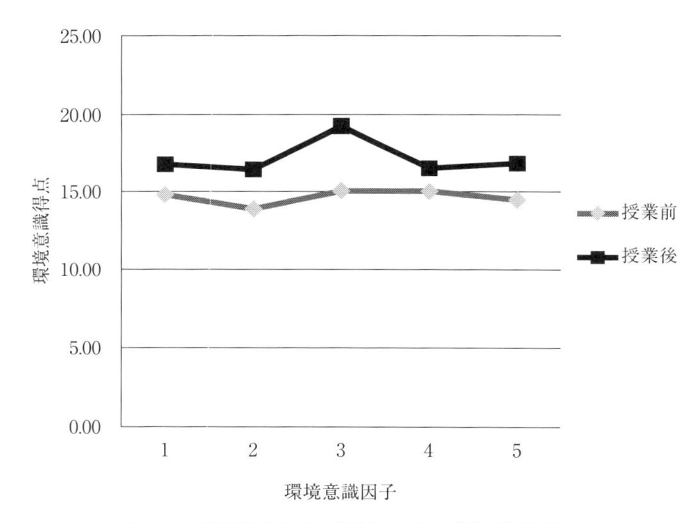

図１　授業前後と各因子における環境意識得点

表６　授業実践後と因子における分散分析の結果

要因	平方和	df	平均平方	F
前・後	254.49	1	254.49	14.07 **
因子	68.61	4	17.15	4.60 *
前･後×因子	42.09	4	10.52	2.82
誤差	578.71	32	18.08	
全体	943.91	41		

*p<.05, **p<.01

表７　多重比較の結果

左項 vs 右項	因子２	因子３	因子４	因子５
因子１	＝	＜	＝	＝
因子２		＜	＝	＝
因子３			＞	＞
因子４				＝

不等号 p<.05, 等号 n.s.

にも働きかけられることも，明らかとなった。今後は，ものづくり体験によって，第３因子以外の第１因子「ものづくりを動因とした環境意識」，第２因子「植物育成による環境意識」，第４因子「資源の有効利用に関する環境意識」及び第５因子「日常生活における環境行動に関する意識」の各因子において，どのように働きかけるかについて検討したい。

４．まとめ

本章では，ものづくりに関わる教員を志望する大学生の環境意識についてその実態を明らかにすることを目的とした。まず，大学生の環境意識を分析するための意識調査票について検討した。質問項目は，先行研究や大学などで開催されたものづくり教室における自由記述調査の回答を利用して作成した。検討した意識調査は，因子分析によって５因子を含んでおり，それらは，第１因子「ものづくりを動因とした環境意識」，第２因子「植物育成による環境意識」，第３因子「木材加工への興味・関心」，第４因子「資源の有効利用に関する環境意識」及び第５因子「日常生活における環境行動に関する意識」であった。また，作成した調査票を利用して，木材を用いたものづくり体験における環境意識の変容について検討した。その結果，以下のことが明らかとなった。

木材を用いたものづくりを大学生に体験してもらい，その前後に作成した意識調査票を用いて調査し，大学生の環境意識の変容について分析した。その結果，ものづくり体験によって環境意識は向上したことが認められた。また，ものづくり体験によって，第３因子「木材加工への興味・関心」が，他の因子と比較して好意的に形成されていることも明らかとなった。

今後は，環境意識の向上に関わる教材の開発を継続して検討し，授業実践の積み重ねにより，さらにものづくりに関わる教員を志望する大学生の環境意識について追求したい。

参考文献

1）環境省：環境保全の意欲の増進及び環境教育の推進に関する基本的な方針，p.22，（2004）

2）文部科学省：中学校学習指導要領解説技術・家庭編，pp.16-17，（2008）

3）文部科学省：高等学校学習指導要領解説芸術（音楽 美術 工芸 書道）編　音楽編 美術編，pp.77-78，（2009）

4）松本晶子，釜本健司，石周平：大学生への環境教育における自然体験活動の意義，沖縄大学人文学部紀要，No.11，pp.43-52，（2009）

5）山本佳世子：大学生の環境意識と環境保全行動に関する研究，名古屋産業大学論集，No.７，pp.89-98，（2005）

6）藤田哲雄，黒田修：環境教育に関する研究（15）：環境問題とその教育に関する教育大学生の意識調査（３），京都教育大学環境教育研究年報，No.１，pp.29-39，（1993）

7）原田信一，岳野公人：技術教育を学ぶ大学生の環境意識に関する基礎的研究，京都教育大学環境教育研究年報，No.22，pp.39-47，（2014）

8）岳野公人，鬼藤明仁：中学生におけるものづくり学習の意義に関する一考察，日本産業技術教育学会，Vol.50，No.3，pp.1-10，（2008）

9）岳野公人，笠木哲也：里山におけるものづくり教材開発と環境教育の実践，環境教育，Vol.16，No.2，pp.59-65，（2007）

10）岳野公人：ものづくりによる環境教育教材の開発，愛知教育大学研究報告，芸術・保健体育・家政・技術科学・創作編，No.62，pp.67-71，（2013）

11）田中敏，山際勇一郎：第２版，ユーザーのための教育・心理統計と実験計画法，教育出版，pp.95-111，（1998）

第８章　木材加工を通した環境教育に関する授業実践

1．はじめに

近年，環境問題が私たちの生活に深刻な影響を及ぼしている。この状況の中で，今，私たちは一人ひとりが環境に対する問題意識を高く持ち，普段の生活からできることをしていかなければいけない。例えば，こまめに電気を消し二酸化炭素の排出を防ぐ，割り箸を使わずにマイ箸を持ち歩くなどの取り組みである。そのような問題を教育の側面から解決しようとするのが環境教育であり，中学校で積極的に実践すべき教育である。

中学校では社会科や理科と同様，技術・家庭科（以下，技術科）の「技術とものづくり」の領域においても，環境教育の一端を担っている。平成10年の学習指導要領技術・家庭編[1)]において，環境教育に関する記述は「技術の進展がエネルギーや資源の有効利用，自然環境の保全に貢献していることについて扱う」としている。平成元年学習指導要領技術・家庭編[2)]の「木材加工」，「金属加工」，「電気」，「機械」，「栽培」の領域に記載された環境教育に関する内容は，この一文に縮小されたことになる。そのため，技術科の環境教育では，授業時数の削減や生徒に対する有効な学習指導の不足の可能性もでてきている。

この問題を解決するためこれまで研究が進められてきた。例えば岳野ら[3)]は，人間生活域の自然環境である里山に着目し，ものづくりを通した環境教育の実践とその効果について明らかにしている。また，守田ら[4)]は，技術科のものづくりを利用した環境保全に関する市民活動の実践とその効果や可能性について検討している。しかし，環境教育を研究の位置づけにして，ものづくりによる授業実践とその学習効果まで調査したものはまだ少ないようである。

そこで，本章では，木材加工を通して環境教育の授業実践とその効果について明らかにすることを目的とした。本授業実践では，技術科の選択履修授業の内容において，自然木を利用したバターナイフの製作を実施した。また，この授業実践における環境教育の学習効果を調査し，意識の変容について検討した。

2．技術科における環境教育の授業実践

2.1　実践方法

実践対象：石川県内中学校２年生及び３年生73名。

手続き：教材は，岳野ら[3)]が開発した立ち木が風雪により倒木となったものを材料とした。これは，樹皮の残る自然木から製作を始めることで，自然の恩恵をより身近に感じられるようにするためである。本章で使用した材料と製作するバターナイフを写真１に示す。また，技術科の選択履修授業において計７授業時数を使用し，表１に指導案を示す。導入部に「風雪倒木の利用について」を説明した。その後，「バターナイフの形状の構想」，「けがき」，「切断」，「切削」，「研磨」，「塗装」と展開し，最後に環境保全活動の振り返りを行った。

実践日程：2006年11月～2007年１月。

写真１　材料となる自然木とバターナイフの例

表1　指導案

過程	学習内容	生徒の活動	教師の支援	学習目標	評価基準
導入 (25分)	事前調査 説明	・ものづくりアンケートを行う ・里山と今回製作するバターナイフのつながりについて学ぶ	・事前の調査票を配る ・プレゼンテーションや今回使う材料を見せながら説明する	①環境保全活動に関心を持つことができる	環境保全活動の取り組みに関心を持つことができた
展開 (275分)	デザイン けがき	・デザインを考え，下書きする ・デザインを決め，けがきする	・バターナイフの見本を準備する ○アイデアがうかばない生徒には，見本をなぞるよう伝える	②デザインを考え，けがきができる	デザイン通りにけがきができているか
	切断	・材料の不要な部分を切断する	・線の上を切らないよう注意させる ○切断の仕方がわからない生徒には，手本を見せる	③安全に切断作業ができる	安全に不要な部分を切断できているか
	切削	・小刀の取り扱い方や使い方を知る ・小刀で割り箸を削り，木目の向きに気づく	・小刀の鞘の扱い方や置き方，削り方を説明する ・木目にはならい目と逆目があることを伝え，割り箸で削る練習をさせる ○小刀の使い方やならい目，逆目の区別がつかない生徒には，手本を見せる	④ならい目や逆目に気をつけながら安全に切削作業ができる	安全面に気をつけながら，ならい目で削っているか
	研磨	・小刀で材料を削る ・紙やすりの仕上げ方を知る ・紙やすりでバターナイフを仕上げる	・紙やすりの粗さの違いを伝える ・木目に沿って磨くよう伝える ・紙やすりを配る ○大きな凹凸がなくならない生徒には，小刀で削りなおすよう伝える		
	塗装	・塗装の仕方を知る ・くるみを使ってバターナイフの塗装を行う	・くるみの割り方や塗装の仕方を説明する ・くるみの油をふき取る布を配る	⑤よりよい作品に仕上がるように積極的に作業する	作品の凹凸をなくし，ムラなく塗装されているか
まとめ (50分)	まとめ 事後調査	・製作したバターナイフを使ってパンを試食する ・今まで学習してきたことを振り返る ・ものづくりアンケートや自由記述を行う	・調理室で行い，衛生面に配慮する ・授業の要点を整理し，環境保全活動の取り組みとしてバターナイフを製作したことを伝える ・事後の調査票と自由記述の用紙を配る		

2.2　実践の評価方法

調査票の作成：質問項目の作成は，2005年，2006年の著者主催のものづくり教室参加者22名の自由記述を参考にし，項目群（集中力など）については，心理学に関する専門家と議論してまとめた。事前及び事後の質問項目を表２に示す。この項目群は，自由記述の回答から特に注目すべき要素を抜き出し，「集中力」，「達成感」，「向上心」，「自然との関わり」，「環境問題への志向性」，「ストレス」，「自己肯定感」，「ものづくりへの志向性」，「継続性」に関する項目群とした。

手続き：作成した事前用（16項目）と事後用（18項目）の２つの調査票を用いて７件法により回答を求めた。回答は環境保全やものづくりに対して好意的なものから７点，６点，…１点と得点化した。また，自由記述調査をバターナイフ製作後に行った。

調査対象：石川県内中学校２年生及び３年生73名（有効回答69名）。

３．結果及び考察

3.1　実践結果

環境教育の実践に参加した学習者はけがもなく教材のバターナイフを完成することができた。すべての学習者は，環境保全の説明や体験に興味を示し，製作においては集中して取り組んでいた。実践の様子を写真２に示す。また，学習者の作成したバターナイフの例を写真３に示す。

写真２　実践の様子

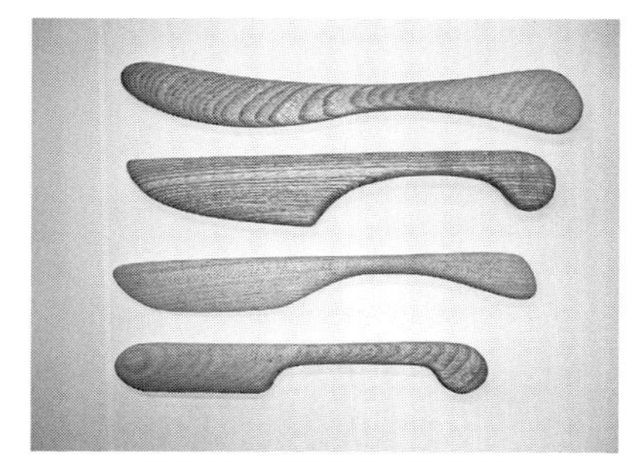

写真３　学習者の作品例

表２　事前及び事後の質問項目

事前調査の質問項目
1）あなたは集中力があるほうだ。(集)
2）日頃いらいらしやすい。(ス)
3）野外活動や自然の中にいることが好きである。(自然)
4）キャンプなどによく行く。(自然)
5）作業をしているとき，周りの音や雑音や話し声が気になるほうである。(集)
6）ゴミの分別に気をつけてゴミを捨てている。(環)
7）一つのことを最後までやりとおすほうである。(達)
8）負けず嫌いである。(向)
9）ストレスがたまっている。(ス)
10）今までを振り返ると途中で投げ出してしまうことが多い。(達)
11）ゴミの投げ捨てはしない。(環)
12）一つのことをするとき，それを極めたいと思うほうである。(向)
13）ものづくりは得意である。(も)
14）今の自分に不安がある。(自己)
15）今の自分が好きである。(自己)
16）工作やものづくりが得意である。(も)
事後調査の質問項目
1）バターナイフ作り以外のことは考えず，集中して作業に取り組んだ。(集)
2）この活動を通して環境破壊行動をしないようにしようと思った。(環)
3）次に作るときは今よりいいものを作りたいという気持ちがある。(向)
4）バターナイフ以外のものを作ってみたい。(向)
5）周りの音や話し声が気になった。(集)
6）バターナイフを作りながら，この木が生い茂っている森や自然について考えた。(自然)
7）出来上がった後の達成感を感じた。(達)
8）次に同様の企画があったら参加したい。(継)
9）自分の行動を環境問題と結び付けて考えるようになった。(環)
10）できたものに納得がいかない。(達)
11）森や木を見る目が変わった。(自然)
12）もう一度バターナイフを作ってみたい。(継)
13）自分に自信が持てた。(自己)
14）さわやかな気分になった。(ス)
15）日頃のストレスが解消された。(ス)
16）今の自分が好きではない。(自己)
17）自分でものを作る自信がついた。(も)
18）ものづくりが好きになった。(も)

(集)：集中力に関する質問項目，(達)：達成感に関する質問項目，
(向)：向上心に関する質問項目，(自然)：自然との関わりに関する質問項目，
(環)：環境問題への志向性に関する質問項目，
(ス)：ストレスに関する質問項目，(自己)：自己肯定感に関する質問項目，
(も)：ものづくりへの志向性に関する質問項目，(継)：継続性に関する質問項目

3.2　意識調査による実践の評価

本章の授業実践の学習効果について，作成した質問項目及び項目群を用いて分析した。事前調査と事後調査の合計得点の平均値を図１に示す。また，事前調査は平均値が4.32，事後調査は平均値が4.91となり，７件法の「４：どちらでもない」から「５：ややそう思う」の値に近づいた。したがって，本章の授業実践を通して，学習者は環境保全やものづくりに関する意識を高めることができたと評価できる。さらに，授業実践に対する意識がどのように変容するかを明らかにした。上昇群，下降群を属性として項目群ごとにｔ検定を行った結果を表３に示す。

調査における上昇群，下降群とは，事前と事後調査の合計得点がプラスに変容した学習者59名を上昇群，マイナスに変容した学習者10名を下降群としている。また，上昇群，下降群の事前と事後調査の合計得点の平均値に対してｔ検定を行った結果，上昇群，下降群ともに１％水準の有意差を確認でき，上昇群は環境保全やものづくりに関する意識を高め，下降群は意識を低くした。表に示すように，上昇群はすべての項目群において有意差が認められ，環境保全やものづくりの意識が高まる方向へ変容していくことが明らかとなった。下降群は，「向上心」と「ストレス」に関する項目群において有

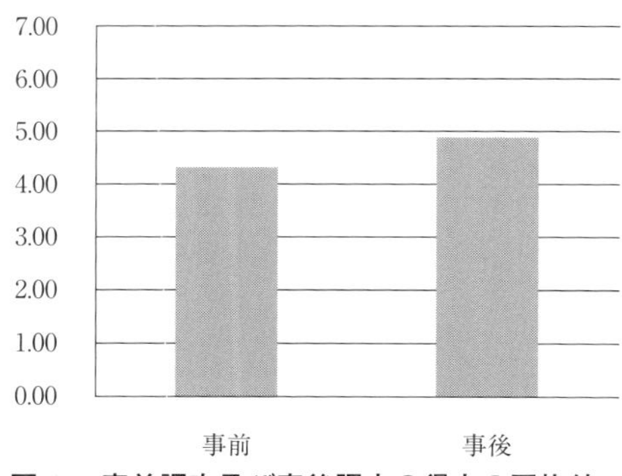

図１　事前調査及び事後調査の得点の平均値

表３　意識調査の項目群別における上位群及び下位群の平均値

		集中力	達成感	向上心	自然との関わり	環境問題の志向性	ストレス	自己肯定感	ものづくりへの志向性	継続性
上昇群（59名）	平均値（事前）	4.178	4.559	4.992	3.559	4.822	3.661	3.407	4.364	
	平均値（事後）	4.797	5.483	6.475	4.678	5.432	4.517	4.398	5.407	4.924
	有意差検定	**	**	**	**	**	**	**	**	
下降群（10名）	平均値（事前）	4.950	4.950	5.250	4.600	4.800	4.650	3.700	4.950	
	平均値（事後）	4.900	4.450	6.150	3.550	4.450	2.750	3.200	4.350	3.900
	有意差検定	n.s.	n.s.	*	n.s.	n.s.	*	n.s.	n.s.	

*：５％水準，**：１％水準，n.s.：有意でない

意差が認められ，「向上心」は意識が高まる方向へ変容し，「ストレス」は意識が低くなる方向へ変容することが明らかとなった。下降群は事前と事後で環境保全やものづくりに関する意識を低下させている。つまり，項目群の分析から下降群の意識低下の要因は，「ストレス」によるものと推察できる。また，上昇群，下降群の「継続性」に関する項目群の平均値を比較すると，１点以上の差が認められ，上昇群の方が下降群より意識が高くなることが明らかとなった。

3.3　自由記述による実践の評価

本授業実践後に調査した自由記述の回答例を表４に示す。

上昇群，下降群の自由記述から，「向上心」に関する項目群の記述が認められた。例えば，「これからも自然を利用したものをつくってみたい」や「また，何かつくってみたい」といった記述である。意識調査の結果では，「向上心」の項目群は意識が高まる方向へ変容しており，自由記述からも学習効果を確認することができた。

また，上昇群，下降群において環境保全やものづくりに関する記述が認められた。例えば，「ゴミやリサイクルなどを意識しようと思った」や「温暖化が進んでいるので，環境を大切にしたいと思った」といった「環境問題の志向性」に関する項目群の記述や「難しかったけど，できたときは嬉しかった」や「のこぎりの使い方が以前よりよくなった」といった「ものづくりの

表4　上昇群及び下降群の自由記述の回答例

上昇群の自由記述
・選択技術をして前よりも道具を上手く使えるようになった。それから木についての知識がすごく増えた。この活動を通して紙や食器など木でできたものはその木が30年や100年生きていたんだったら，その生きていた分を使ってあげることで森が循環されることで自然の環境を保つことができるとわかった。この活動では，倒木を4等分することから始まって，それをさらに2等分，そしてかんなをかけたりその間に環境保全の話を入れるなど，この授業だけで知識を身につけることができました。来年度はスプーンを作るみたいなので，できれば参加したいなと思いました。
・家でバターナイフを1人でできるくらい，技術の力が身についたと思う。自然を大切にして，ゴミやリサイクルなどをいしきしようと思った。バターナイフのさきをとがらせたほうがいいことがわかった。
・小刀やかんななどの工具の使い方やバターナイフにするために木の割りかたや皮のはぎかたがわかった。クルミの実がオイルになることがわかった。
・やすりがけやかんな削りをして技術が身についた。木の実を使ったので，自然のものも使えることを知った。これからも自然を利用したものをつくってみたい。
・バターナイフにこんなに心を込めたなんて…ビックリです。難しかっただけ，できたときは嬉しかったです。技術はあまり好きくなかったけど，バターナイフ作りで，若干好きになった。木でいろんなものを作れるのでやっぱ自然は大切にしないとバチがあたると思った。
・初めて使う道具ばかりだったけど，だんだん使い方がわかるようになった。使い方が分かると楽しくなった。実際に山の木でバターナイフを作ってみて，木の大切さや今の自然状態とかについていろいろ考えさせられた。自然について考えるきっかけをもらえたし，守っていきたいと思った。ものを作る楽しさを学んだ。出来たときの達成感がうれしかった。

下降群の自由記述
・のこぎりの使い方が以前よりよくなった。環境について深く考えるようになった。自分自身に少し自信をもててよかった。
・技術がちょっとだけ好きになった。環境に対する考えが変わった。バターうまっ。バターナイフをこれからも使おうと思った。
・ならい目をみつけやすくなった。作業がスムーズにできるようになった。くるみの木が少ないことを聞いて驚愕した。先生の家の近くにくるみの木があったことも驚いた。ボランティアをしていきたいと強く思う。心はバターナイフと同じできずをつけるとなかなかきえない。集中できるようになった。自分の大切さを学んだ。
・この選択の活動を通して，森林の大切さ，ものを作ることへの興味が培われていったような気がします。小刀の使い方を初めて知りました。
・完成するまですごく大変だったけど，完成するまでの過程がすごく楽しく，出来上がったときは，達成感でいっぱいだった。また，何かつくってみたい。環境はもっと大切にするべきだと思った。また，小刀を使うときは，十分注意する必要がある。

＊表中の言葉の表記は自由記述の回答と同じである。

志向性」に関する項目群の記述である。特にものづくりに関する記述は，作品の完成や工具の使い方に意識があると言える。

４．まとめ

本章では，自然木を利用したバターナイフを教材として環境教育に関する授業実践を行い，その学習効果について考察した。その結果，以下のことを明らかにした。

１）自然木を利用したバターナイフを教材に授業実践し，学習者の環境保全やものづくりに関する意識を高めることができた。

２）意識の変容を調査票で分析すると，上昇群はすべての項目群において意識を高める方向へ変容した。下降群は「向上心」に関する項目群において意識を高める方向へ変容したが，「ストレス」に関する項目群において意識を低くする方向へ変容した。これは，下降群の意識を低下させた要因と推察できた。また，上昇群の方が下降群より「継続性」に関する項目群の意識が高いことがわかった。

３）上昇群，下降群の「向上心」に関する項目群の意識の高まりは自由記述においても確認できた。また，上昇群，下降群において環境保全やものづくりに関する記述が認められた。特にものづくりに関する記述は作品の完成や工具の使い方を意識していた。

参考文献

１）文部省：中学校学習指導要領技術・家庭編，pp.13-70，(1998)
２）文部省：中学校学習指導要領技術・家庭編，pp.4-7，(1989)
３）岳野公人，笠木哲也：里山におけるものづくり教材開発と環境教育の実践，環境教育，Vol.16，No.2，pp.59-86，(2007)
４）守田弘道，岳野公人：環境保全とものづくりに関する実践活動の報告，日本産業技術教育学会第20回北陸支部大会講演論文集，p.11，(2007)

第９章　海外の木材加工教育

１．はじめに

著者は，これまでに，２度（2006年，2007年），派遣機関との交流と市民対象の公開講座の資料収集のために，スウェーデンのカペラゴーデン工芸学校を訪問し，カリキュラム開発のための継続的な調査や研究打ち合わせを実施した。また，共同研究者として１年間（2008），米国のカリフォルニア州のレッドウッド大学に滞在し，Fine-woodwork コースにおいて家具製作やデザインについて教材の開発や指導方法について検討した。本章では，我が国において木材加工を職業とすることの困難さについて検討し，この問題を解決するためにスウェーデンとアメリカにおける木材加工教育について概観する。また，その解決策となりうる地域貢献のあり方についても考察し，木工業界の今後の展望についてまとめる。

1.1　スウェーデンの木材加工教育

写真１　椅子づくり

スウェーデンのカペラゴーデン工芸学校[1)]では，一般市民向けのサマースクールを開講している。また，森林より樹木を切り倒し，十分に水分を含んだままの生木を切り出してきて，そこからスプーンやバターナイフなどの日用品をつくるコースがある。これはこのような製作活動を通じて，自然環境との関わりを実感させるねらいがある。また，木材加工の上級者向けには設計や模型づくりから始めて，２週間でオリジナルの椅子を製作するコースもある（写真１）。それぞれのコースでは，単に製作のみではなく，自分の考えをまとめることやプレゼンテーションすることが求められる。また，木工以外にも，陶芸コース，テキスタイルコース，ガーデニングコースがあり，これらのコースは相互的に関わり合い，非常に豊かな学習プログラムが構成されている。この学校の立地は，都市部から離れ，自然豊かな国立公園近くにあり，のどかな校風である。

1.2　アメリカの木材加工教育

カリフォルニア州のレッドウッド大学 Fine-woodwork コースは，家具作家クレノフ氏[2),3)]が創始し世界的に有名であり，世界各国から学生が集まり家具製作やデザインについて学んでいる。また，一度職業についた経験のある学生が多く，年齢層にも幅があり生涯学習としての位置づけやキャリア形成の役割も果たしている。また，大学のある地域は，美術的意識が高く，多くのアーティストが住み，創作活動をしている。週末には，そのようなアーティストが自分の得意分野において地域住民に対してワークショップを開催している（写真２）。

写真２　週末のワークショップ

２．日本の木工業界の問題点

日本が1960年代に経済的な成果を遂げた背景には，日本の歴史を支えてきた職人たちの伝統技術が存在する。また，日本の象徴的な文化である，わび・さび，禅，武士道などは，おおよそ経済的成功以前のものである。その一つに日本の木工の世界が位置づけられる。しかし，現在の日本の木工事情は，決して良くない。後継者不足，機械化による伝統技能の搾取，木工を取り巻く産業の廃退，不景気による家具消費の減少などである。

①後継者不足

現在，日本では木工家は人気のある職業ではない。不景気の向かい風もあり家具製作で生計を立てることは非常にむずかしい。特に伝統的な指物，建具などの木工は，生活様式の変化からも，その需要が少ない。

工場で働く場合には，機械操作による単純作業の繰り返しで，木工の楽しみを見つけることはむずかしいだろう。また，小さな工房では，弟子を育てるための時間的，経済的余裕はない。日本の伝統的な木工技能を修得するには少なくとも３年から５年はかかる。師匠の技をみて，くみ取ることでしか，技術を習得できなかった戦前は10年で一人前と呼ばれた。

②機械化による伝統技能の搾取

木工の世界も，他の産業と同様に大型機械化やコンピュータ制御により効率化を図ってきた。その反面，伝統的な手加工の技術を後世に残すことを怠ってきた。のみ，かんなやのこぎりで作業をする職人を見かける機会は少ない。もし，かんなを使うことがあっても，替え刃式のもので刃物を研ぐ必要もない。また，生産コストを抑えるために，必要以上の身体的エネルギーを使うことができない。これから15年から20年すると，日本の伝統的な技能を身につけた職人はごくわずかになるだろう。

③木工を取り巻く産業の廃退

家具が売れなくなれば，当然それらに付随する産業も廃退していく。刃物をはじめとする木工具，木工機械などを取り扱う中小企業は，年々減少している状況にある。

④不景気による家具消費の減少

現在の消費者心理としては，いくら良いものでも値段が高いようでは売れない状況にある。そうした中，大量生産で作られた安い家具が市場に出回っている。これに伴い，大量生産のすべてを否定することではないが，丁寧な仕事に裏付けられたものの価値は失われてきたように思われる。このようなものに囲まれ，あるいは選択肢が狭まることで日本人の文化レベルが下がるのではないかと推測される。

⑤その他

近年，日本で木工を学ぶよりも海外で木工を学ぶ人が増えている。日本人の木工家は残りそうだが，一方では本来の木工技術は減少していくように思われる。また，日本の木工は口伝で伝えられ，その技術は，師匠と弟子だけのもので狭い世界に閉じこめられていた。現在でも，外部の人間が60代以上の職人の本来の作業を見せてもらうことはむずかしい。

3．地域貢献としての木工

今後の大学教育に求められる地域貢献の一環としての公開授業や公開講座がある。少子高齢化や生涯学習の必要性，地域社会の活性化など大学教育の地域に対する貢献のあり方やその必要性については，今後十分に検討する必要がある。これまでに，大学が主体に行う公開授業は各大学で様々な内容が実施されている。例えば，岡山大学の事例が紹介されているが，木材加工を楽しむ社会人の姿が読み取れる[4)]。これは，我が国においても，高齢化社会への対応や終身雇用の終焉などに起因し，学校卒業後の生涯学習を大学教育において実施するよう期待された結果と推測できる。ここで考える公開講座のカリキュラムとして，環境保全や自然素材を活用した木工芸教育による循環型カリキュラムと，学生・一般市民・大学が有機的に連携して教育組織となる循環型カリキュラムを開発することを目標としている。

我が国は，現在に至るまでには，農業国や技術立国を経験してきたが，その過程では，自然環境の破壊や伝統技術の伝承者の不在などの問題を後回しにしてきた。これから我が国にとっても，これらの課題を今解決すべきであると考えている。

写真３　カペラゴーデンの公開講座

写真４　生木からの材料の切り出し

また，公開講座は，各大学の特色を反映させ多種多様の内容が展開されているが，世界的に見ても，大学が提供する公開講座は，市民にとって，知的好奇心やキャリアアップの必要性からも期待されているようである。ヨーロッパ，アメリカでは大学の年間計画が９月から始まり，それまでにサマーコースと呼ばれる長期間の講座を多く開講している。例えば，スウェーデンのカペラゴーデンのコースでは，簡単なスプーンやナイフを製作していた（写真３）。アメリカ・カリフォルニア州レッドウッド大学の公開講座では，生木から椅子を製作していた（写真４）。木材加工もこのようなプリミティブな活動を取り入れることで，木材をより身近に感じることができ，森林環境への興味関心を促進できると考えられる。

そこで，今後はこれらの大学の教員と協力して環境教育と木工芸教育を利用した社会人向けの公開講座に関して教材開発と教育プログラムの開発を実施したいと考えている。

４．Fine-woodwork Course の利点

カリフォルニアに滞在して１年ほどいっしょに作業をした中で，感じたことをまとめてみる。①日本の木工具をよく利用していること。②手加工と機械加工のバランスが絶妙であること。③木工に関する情報が多いこと。④家具製作に十分な時間をかけられること。⑤構成メンバーの情報交換がオープンであること。⑥指導者が学習者のアイデアを尊重すること。

日本には，このようなスタイルの学校はほとんどないと言っていいのではないか。つまり，時間に束縛されず，自分の製作する作品だけに取り扱み，必要なときに必要なだけの指導を受けることができる学校であり，すでにいくらか木工の経験がある者が，さらに専門的な知識を身につけられるところである。まだ日本人にはこのようなキャリアアップの概念は少ないように思われる。

①日本の木工具

ここでは，日本製ののこぎり，のみ，砥石などをよく見かけた。特に，のこぎりは，ダブテイル加工（蟻継ぎ加工）などの細かな作業には重宝しているようである。砥石はほとんどの学生が日本製の砥石を利用している。数週間でほぼ刃物の研ぎ方を身につけることができていた。日本では，刃物の研ぎをおぼえるだけで１年が過ぎてしまうので，非常に驚いた。

②手加工と機械加工

手加工による技能修得の重要性を認識している著者にとっては，理想的な学習環境である。現在の日本では，手加工よりも先に機械加工を身につけてしまい，手工具をうとましく思う傾向もある。現代において必要以上に機械加工を避ける必要はないが，一定のレベルを超えた家具製作には手加工は欠かせないし，手加工の技能レベルを上げることで創造的な作品が生まれると

考えられる。手加工ですべてのことができれば，機械の性能に左右されることなく，作りたいものを作ることができる。

③木工に関する情報

日本は島国であり，先にも書いたように保守的な社会である。そのため木工に関する情報は非常に制限されている。Fine-woodwork Course では，指導者などから得られる木工に関する情報に事欠くことはない。自分が必要とする情報はすぐに手に入れることができる。また，それらの情報はここでしか得られないものも多い。

④十分な時間

写真５　座りごこちを確かめる様子

日本の忙しい社会から抜け出してきて，Fine-woodwork Course での時間の流れに慣れるまでに時間がかかった。日本の学校では，時間や課題に追われ，自分の心ゆくまでの製作はできないことが多い。ここでは，本人のやる気次第で，どのような家具製作も可能だろう。自分の可能性について挑戦することができる（写真５）。

⑤構成メンバーの情報交換がオープン

日本の狭い社会では，すぐに競争が起こる。保守的でもあるために，自分の技術や知識を見せようとしない。つまり，日本では職人同士が自分の作品について意見交換することは非常に少ない。しかし，Fine-woodwork Course では，指導者も含めて，そのような隠し事をすることはない。少し前の日本にはまだあった同じ釜の飯をくう仲間という意識が感じられた。

⑥指導者と学習者

写真６　プロジェクトについての打ち合わせ

Fine-woodwork Course では，学習者の経験や能力に応じてプロジェクトが決まっていく（写真６）。日本の学校ではどうしても横並びの指導になるため平均的な教育になってしまう。また近年の日本では，学習者の立場のほうが指導者よりも強い場合もあり，そのような関係では，良い学習成果を残すことはできない。ここは，指導者への尊敬，学習者への適切な指導のバランスがとれた良い学習環境である。

もちろん良いことばかりではなく，いくつかの問題点もあると思われるが，以上のことをまとめて，アメリカと日本の木工業界の展望について考察する。

５．日米の木工融合

日本の木工業界の問題と Fine-woodwork Course の利点を比較すると，今後いくつかの共同作業が想定できる。

日本の一番の問題点は日本の伝統的な木工技能を修得した後継者不足である。しかし，Fine-woodwork Course が日本の木工に求めていることは，伝統的な木工技能や工具である。

Idea. ①日本の後継者不足は深刻である。今のところ具体的な解決策は何も見いだされていない。まず，日本の若者に対して日本の木工技術は世界にも認められていることを広く啓蒙していくことである。アメリカでは日本の木工具や技術が重要視されていることを出版や講義で広く啓蒙していきたい。その為の協力関係を今後ともアメリカの woodworker と持ち続ける。

Idea.② 日本の木工技能を修得した職人とアメリカの woodworker の交流を多く持つ。日本の技術が必要とされていることを知り，啓蒙につながる。この啓蒙活動は，両国の経済的な成果も生み出し，日本の木工業界の再生につながるだろう。アメリカの woodworker は直接日本の木工技能にふれることができる。よりよい木工具を手に入れることができるようになる。

Idea.③上記の交流は，一人の職人がどちらかの国へ行くことを想定している。ここでは，単に交流ではなく，日本の職人とアメリカの woodworker のチームを作って会社や学校を作ることを提案する。リーダーが必要な人を各国に問い合わせて，合流し与えられた時間を共同で仕事をする。あるイベントのプロモートや美術館や講堂のインテリアをプロデュースすることも考えられる。このことが実現すればより国際的で大規模な仕事が生まれるのではないか。国際的に木工業界を広報することにつながる。

Idea.④ アメリカにおいても木工で生活することは，非常にむずかしくなってきていると聞いた。経済的な成果を生み出すためには，木工の技術プラスアルファが必要になってきている。どうやって自分の製作した家具をプロモートしていくか，あるいは税金や会計のことも知らなければならない。つまり今後は woodworker もビジネススキルを身につける必要がある。そのようなコースや学校があってもいいのではないか。

6．まとめ

我が国における木工業を概観するとあまり見通しは良くないが，世界にはいくつかの有益な事例があることがわかる。これらを参考にして，いくつかの提案をしたが，まだ夢のようなことばかりかもしれない。しかし，家具製作も初めは頭の中で思いつくことから始まる。このようなことが実現していけば，日本の木工業界としては助かることばかりである。今後も，アメリカの woodworker たちと意見交換をして，より現実的なデザインを作りたい。

参考文献

１）カペラゴーデン：http://www.capellagarden.se/english.asp，2010/11/17閲覧
２）James Krenov：Cabinetmaker's Note Book，Linden Publishing，(2006)
３）James Krenov：The Fine Art of Cabinetmaking，Linden Publishing，(2006)
４）山本和史：大学における社会人教育について：木工セミナーの実践を通して，岡山大学教育実践総合センター紀要，No.1，p.21，(2001)

結論　総括的まとめ

1．はじめに

緒論で述べた今日的課題と人間性の回復や環境保全に対して，本研究において何を提言できたのかここで改めて考察する。

緒論でまとめた今日的課題は，以下のものであった。

「我々の生活の問題点をまとめると，我々は，毎日の生活を自然に触れることもなく，人工的なものに囲まれ，無力感を感じながら過ごしている。身近にある道具は使い方がわからないものも多く，何か新しい装置や機器を入れ換える場合には，多大な労力を使うことになる。搾取され続ける人間性を取り戻すためには，相当のエネルギーを必要とするが，通常多くの人は毎日の生活に無力感を抱き，自ら働きかける創造力は失い欠けている。新しく情報化社会に参入する若い世代は，客観的に整理された情報により代替された文化の中で生きていくことになる。また，これらの状態を続けることは地球の自然環境を破壊し続けることにつながり，我々は地球そのものを失う可能性も大きくなっている。」

この課題を細分化して，本研究の取り組むテーマを設定した。その内容は，人間性の回復，ものづくり，自然への接触，持続可能な社会であった。それぞれのテーマに対して，各章において何か解決策や方法論を提言できたのかについて考察する。

2．本研究の成果

2.1　人間性の回復

緒論で述べた人間性の回復のためにできることは，「自分で物事を考え行動すること」，「ものづくりと人間性」，「自然に触れることで自己を振り返る」の下位項目を含んでいた。そこで，各章の成果と，3つの下位項目を検討してみる。この項目では，ものづくりや森林環境保全に関わることによって，参加者の意識の変化を促したものを成果として組み込んだ。

第2章で検討した市民活動では，本実践活動のものづくりや環境保全は，人間性に関わる自己肯定感や集中に関する意識について向上させる可能性のあることが示唆された。また，本活動を通して，市民活動の意義として体験学習におけるファシリテーションが機能したことを確認することができた。

第4章で開発した椅子の教材は，具体的な学習教材を提案し，体験学習による爽快感や達成感などの心理的側面に関わることができた。

第6章では，ものづくり学習における中学生の集中状態について明らかにすることを目的とした。ものづくり作業中の集中状態に関する意識調査票を作成し，質問項目の信頼性・妥当性の検討を行った。その調査票を用いて，中学生453名を対象に本調査を実施し，集中状態に関する意識構造や意識の差について分析を試みた結果，以下のことが明らかとなった。

因子分析の結果，生徒の集中状態は，第1因子「作業に対する集中状態」，第2因子「思考活動に対する集中状態」，第3因子「フロー集中状態」の3因子から構成されることが示された。また，クラスター分析の結果，第1因子と第2因子の距離は近く，このクラスターに第3因子が結合した。以上のことから，ものづくりでは，作業を通した集中状態と思考活動を通した集中状態を形成できることが明らかとなった。さらに，それらの集中状態を適切に構築することで，高度に集中した幸福感を得られるフロー状態を形成できることが示唆された。

第8章で検討した環境学習の実践では，自然木を利用したバターナイフを教材に授業実践し，学習者の環境保全やものづくりに関する意識を高めることができた。また，意識の変容を調査票で分析すると，上昇群はすべての項目群において意識を高める方向へ変容した。下降群は「向上心」に関する項目群において意識を高める方向へ変容したが，「ストレス」に関する項目群において意識を低くする方向へ変容した。これは，下降群の意識を低下させた要因と推察できた。また，上昇群の方が下降群より「継続性」に関する項目群の意識が高いことがわかった。さらに，上昇群，下降群の「向上心」に関する項目群の意識の高まりは自由記述においても確認できた。また，上昇群，下降群において環境保全やものづくりに関する記述が認められた。特にものづくりに関する記述からは，作品の完成や工具の使い方に意識が高いことが明らかとなった。

以上の成果から，ものづくりや環境保全活動が，学習者や参加者の意識に，人間性の回復に関わる影響をもたらしたと推測できる。本研究では，質問紙法を用いた心理的分析を試みており，人間性に関わる自己肯定感，集中，爽快感，達成感，興味関心，向上心などについて，ものづくりが直接的に関わることができたと指摘できる。このことからも，今後の持続可能な活動のために，ものづくりは必要ではないだろうか。

2.2　環境保全と環境教育の必要性

ここでは，環境保全の必要性と，それを実現するための教育方法について明らかにされたことをまとめた。環境教育の具体的な方法は，教材の開発や教育プログラムの開発であった。

第３章と第４章では，環境学習のための里山を利用した教材を開発し，その教育効果を検討した。本研究で開発した教材は，自然木を利用したものづくりと落葉を利用した堆肥づくりであった。意識調査の回答から環境教育において有効な教育効果を果たすことが示唆された。堆肥教材では，落葉集め，その他資材収集，試験区の設置，温度変化記録，堆肥の評価の過程を学習過程として想定することで，本堆肥化試験は環境教育の教材として活用可能であることが推測された。

第７章では，ものづくりに関わる教員を志望する大学生の環境意識についてその実態について明らかにし，その結果から授業実践を試みた。

まず，大学生の環境意識を分析するための意識調査票について作成した。質問項目は，先行研究や大学などで開催されたものづくり教室における自由記述調査の回答を利用して作成した。作成した意識調査は，因子分析によって５因子を含んでおり，それらは，第１因子「ものづくりを動因とした環境意識」，第２因子「植物育成による環境意識」，第３因子「木材加工への興味・関心」，第４因子「資源の有効利用に関する環境意識」及び第５因子「日常生活における環境行動に関する意識」であった。また，作成した調査票を利用して，木材を用いたものづくり体験における環境意識の変容について検討した。その結果，以下のことが明らかとなった。

木材を用いたものづくりを大学生に体験してもらい，その前後に作成した意識調査票を用いて調査し，大学生の環境意識の変容について分析した。その結果，ものづくり体験によって環境意識は向上したことが認められた。また，ものづくり体験によって，第３因子「木材加工への興味・関心」が，他の因子と比較して好意的に形成されていることも明らかとなった。

ここでは，環境保全と環境学習の必要性について検討した，教員を志望する大学生は環境学習を受講することで意欲や興味が向上することが明らかになり，今後も環境学習の継続や発展が期待される。また，本研究で開発した環境学習の教材は，その学習自体で環境保全につながるように検討した。つまり，落葉や自然木を利用することは，里山の整備につながり，その実体験がさらなる学習意欲につながるのではないかと考えた。また，これらの活動は，人間性の回復に関わり，自然に触れることで自己を振り返る機会を提供することになる。したがって，環境保全にも人間性の回復にもつながる意義のある環境学習であると提案することができる。

2.3　持続可能な社会

持続可能な社会に直接的に向けた成果は，下記に示すものであるが，前項の人間性の回復，環境保全と環境教育の必要性を含む内容が，持続可能な社会であると緒論でも示してある。

第２章で検討したものづくりを通した環境保全を図る市民活動について，２年間の企画・実践を継続することができた。その実践活動の内容をまとめ，“自然と人間の活動の循環”及び“人間の活動における循環”から構成される実践モデルを提案することができた。

本研究で検討した持続可能な社会には，人間性の回復と環境保全を重要な内容として含んでいる。そのため，この項で示される成果は少ないが，上記の項の内容は，すべて，持続可能な社会へつながる成果であると考えている。

３．まとめ

以上のように，本研究では，高度に複雑化した今日的課題の解決のために，複数の成果を示すことができた。また，本研究は，実践を伴う研究スタイルであるため，対象とした規模は大きくはない。ともすれば，その内容はそこだけの限定的な成果ではないかと批判を受けることもあるだろう。しかし，シューマッハの目指した小さな社会が，様々な問題を解決する方向へ向かうことも重要であり，規模の小ささはメリットにもなりうる。このような小規模の団体やコミュニティーが，人間性の回復や環境保全，持続可能な社会を目指したならば，また，多くの小規模なコミュニティーが生まれていくならば，と期待している。ただし，真に共生生活をおくることは，むずかしい。そのためにも，実践の継続，研究を推進したい。

著者略歴

岳野公人（たけの　きみひと）

長崎生まれ。1994年長崎大学教育学部卒業（古谷吉男教授に師事）。
1999年兵庫教育大学連合大学院（博士課程）中途退学（松浦正史教授に師事）。
1999年金沢大学教育学部講師。2003年兵庫教育大学連合大学院において学校教育学博士を取得。2015年滋賀大学教育学部教授，現在に至る。

環境学習とものづくり

2016年12月25日　初版第1刷発行

著者　岳野公人
発行者　風間敬子
発行所　株式会社　風間書房
〒101-0051　東京都千代田区神田神保町1-34
電話 03(3291)5729　FAX 03(3291)5757
振替 00110-5-1853

印刷　藤原印刷　　製本　井上製本所

NDC分類：375.5
ISBN978-4-7599-2152-6　Printed in Japan